生活因阅读而精彩

生活因阅读而精彩

人生最美是淡然

纸墨飞花◎编著

中国華僑出版社

图书在版编目(CIP)数据

人生最美是淡然:都市身心灵修炼课 / 纸墨飞花编著.—北京:中国华侨出版社,2011.9

ISBN 978-7-5113-1697-4

Ⅰ.①人… Ⅱ.①纸… Ⅲ.①人生哲学-通俗读物 Ⅳ.①B821-49

中国版本图书馆 CIP 数据核字(2011)第176885号

人生最美是淡然:都市身心灵修炼课

编　　著 / 纸墨飞花
责任编辑 / 尹　影
责任校对 / 李江亭
经　　销 / 新华书店
开　　本 / 787×1092 毫米　1/16 开　印张/17　字数/260 千字
印　　刷 / 北京溢漾印刷有限公司
版　　次 / 2011 年 10 月第 1 版　2011 年 10 月第 1 次印刷
书　　号 / ISBN 978-7-5113-1697-4
定　　价 / 29.80 元

中国华侨出版社　北京市朝阳区静安里 26 号通成达大厦 3 层　邮编:100028

法律顾问:陈鹰律师事务所

编辑部:(010)64443056　　64443979

发行部:(010)64443051　　传真:(010)64439708

网址:www.oveaschin.com

E-mail:oveaschin@sina.com

前言

有人说，人生如水，幸福的味道要靠自己来调，放点醋，它是酸的，加点糖，它就会变甜。也有人说，人生是一张白纸，怎样挥毫泼墨就成就怎样的风景，胸怀天下则会拥有天下，眼光狭隘就只能看见眼前那一尺见方的土地。还有人说，人生如棋，楚河汉界就是我们驰骋的疆场，不管路途多么凶险，不管自己是不是孤身奋战，即使只是一个小卒子，也要勇往直前，绝不后退，落子无悔。

其实，人生究竟是什么样的并不重要。是水也好，是纸也罢，即使是棋也要看自己的走法。所以，最为重要的还是我们选择什么样的生活态度，让我们的人生旅程变得轻松愉悦。

我们每个人的心都是一颗晶莹剔透的水晶球，折射出我们七彩的人生。生命的颜色有很多种，不光有赤橙黄绿青蓝紫，还有黑白灰等颜色，当我们的生命不再流光溢彩的时候，我们是否还能笑靥如花地迎接每一个清晨？其实，快乐是一种习惯，当我们把笑当成一种习惯的时候，即使生命只剩下黑色，我们也能看到缤纷的世界，"不以物喜，不以己悲"，这就是淡然的人生。

淡然，能安抚你的内心，让你燃烧的怒火适时平息，还你一份愉悦的心境。

淡然，给你发现美的眼睛，不因自己的苛刻而忽略了身边的风景。

淡然，让寂寞的土壤绽放出的美丽的生命之花芬芳而悠久。

淡然，拔除你心灵的杂草，不攀比、不羡慕、不嫉妒，让你的心灵澄澈明净。

淡然，让你不再无谓地执著于追求错误的东西，人生之路从此峰回路转。

淡然，让你拥有一颗宽容的心，用你的慈悲引进爱的阳光。

淡然，让你心无旁骛地前进，不让后悔吞噬掉你努力向上的心。

淡然，让你的心胸豁然开朗，虽然错过了朝霞的绮丽，但你决不会错过月光的清辉。

淡然，让你微笑地面对生命的挫折，在寒风中开成一朵不败的傲霜花。

淡然，让你宠辱不惊看庭前花开花谢，去留无意看天上云卷云舒。

淡然，让你拥有大海般的胸怀，让世界成为你的舞台。

淡然，看起来是一种最为简单的生活方式，它却是人生中的至高境界。拥有淡然的心境，便会忘却工作的疲惫、生活的烦恼、人生的忧愁。

然而，生活在钢筋水泥丛林中的人们，他们要还房贷、要买车，要供孩子读书，生活的重压让淡然变成了一种奢侈，在随波逐流中渐渐忘记了生命本身的意义，丢失了自己那颗本真的心。

《人生最美是淡然：都市身心灵修炼经典》正是针对这些问题，对我们的心灵进行的一次洗涤。本书语言隽永、情景细腻，通过对人内心的透彻分析，结合一些小故事，讲出人生的大道理，文字灵动而深刻。像一滴甘露，滋润慰藉你干涸的精神家园；如秋日的雏菊，美丽充盈你凋敝的心灵花园；是黎明前的一盏明灯，指引照亮你的生命旅程。相信你在慢慢品味之时，或酣畅淋漓、或掩卷而思，心灵便在无声的滋润中得到了一次轻舞飞扬的释放，性情也在潜移默化中上升到另一种至高的境界。

目录

第1章 与其愤怒，不如淡然处世

淡然的人生不生气

和人相处，总会有产生摩擦和分歧的时候，你能做到不生气吗？可能会很难。当然，你可以去辩解理论，也可以用这样的方式去反驳质问。但这样定会遭来对方的还击，事态也会愈演愈烈，最后的结果可能会让你更加气恼。

这不是与自己过不去吗？与其这样，还不如保持沉默，不予理会，淡然待之。你沉默了，对方自然也觉得无趣了，一场风波也会因此而平息化解了。

第2章

接受不完美，心灵才自由

淡然的人生不遗憾

金无赤金，人无完人。这个世界没有绝对的完美。世间的一切事物都是有缺憾的，如果我们总是对诸多的不公平不依不饶，事事都较真，都苛求完美，那么内心一定会感到疲惫不堪。

只有以冷静、宽容、积极、平和的心态去对待不平之事，淡然处世，才能够获得无比的从容和快乐。

第3章

能享受孤寂，才能拥抱人群

淡然的人生不寂寞

在人生的旅途中，寂寞是生活最常有的姿态。有人说，人最怕的是孤独，最难耐的是寂寞，最不易坚守的是内心，蚕蛹化茧成蝶，梅花傲霜独立，都是在寂寞的等待和内心的坚守中实现的。

寂寞不是人生最精彩的一部分，但是它却成就了精彩，所以，它是人生中不能轻易忽略的那一页。

第4章

没有相同的人生，何苦非要对比

淡然的人生不比较

如果你是小草，就不必艳羡花的芬芳、树的高大，当有一天人们低头的时候，会因为你的绿意盎然惊喜不已。

没有绝对相同的人生，我们何必要不停地攀比，把自己陷入无以复加的烦恼当中？用淡然的心境做好自己的角色，会发现安心草的春天也一样美丽。

第5章

改变不了世界，就改变看法

淡然的人生不固执

生活会在我们的人生道路上设下许多障碍，人们一直认为坚持是一种美德，只要我们坚持不懈，就一定会成功，放弃和坚持也只在一念之间，果断地作出决定，坚持该坚持的，放弃该放弃的，才能彻底斩断内心的纠结，才会活得更洒脱，重新获得一个全新的自己，找到自己的心灵归属。

其实，人生不需要无谓的坚持。在生活中遇到难题、事业上出现瓶颈的时候，我们不妨放下固执，学会另辟蹊径，我们就会发现自己往往会在变通中寻找到出口，淡然的人生不固执。

第6章

善待你的仇人，敌对自会消失

淡然的人生不怨怼

有时候，面对别人的误解和质疑，我们难免会生气难过。如果我们选择针锋相对，只会让矛盾越积越深，让自己更不快乐。这个时候我们更需要淡然的心境，只有心里没有怨怼，才能学会包容。

懂得包容体现的是我们人格的魅力、是我们人生境界的升华、是拉近彼此距离的桥梁、是温暖世界的阳光。

第7章
人生如棋，落子不悔
淡然的人生不后悔

人生无悔，才能活得洒脱与安然。然而，生活中的我们常常因为那些过往而后悔，从而无暇欣赏今天的风景。有时候我们要学会忘记，将经历过的都抛在身后，不管是非成败，笑看得失，我们就可以获得淡然自在的生活。

人生如棋，落子不悔才可以让阳光照进我们的心灵，让我们的生命如花盛放。

第8章
错过就错过了，得不到的未必是好的
淡然的人生不强求

《泰坦尼克号》的男主角杰克说："当你喜欢我的时候，我不喜欢你；当你爱上我的时候，我喜欢上你；当你离开我的时候，我却爱上你，是你走得太快，还是我跟不上你的脚步？我们错过了诺亚方舟；错过了泰坦尼克号；错过了一切的惊险与不惊险，我们还要继续错过。"

的确，在冥冥中，有些人、有些事注定要错过，注定得不到、抓不住，只有放开手，才能还自己一片自由的天空。

第9章

人生很短,所以才要微笑着生活

淡然的人生不悲观

塞翁失马,焉知非福,任何事物都有两面性。很多时候,我们之所以会过于沉浸于不幸、挫折和磨难的悲伤中,之所以会对它们心存怨恨,是因为我们没有淡然的心境,看到事物积极的一面。

只要我们学会坦然地面对生命的变幻莫测,乐观微笑地生活,我们才可以从容地活出自我。

第10章

平淡对待得失，冷眼看尽繁华

淡然的人生不浮躁

“非宁静无以致远，非淡泊无以明志。”淡泊，是人生的一种至高境界、是历尽苍桑后的醒悟、是了然于胸的大度、是不以物喜，不以己悲的超脱。它虽然不是生命旋律中绚丽的华章，却是生命中不可缺少的生活底色。

如果我们能够以淡然的心境体会世间的一切得失，以一颗平常心去感受生活，便可以获得一份幽雅美丽的心境，获得随性自在的生活。

第11章

伸出双手，就能拥有全世界

淡然的人生不狭隘

生活中的我们看不到世界的宽广，看不到梦中的蓝天白云，是因为自己的心胸不够豁达。拥有淡然的心境，伸出我们的双手，心灵就会变得澄澈。心灵纯净的人，即使遇到一些不愉快的事情，也会泰然处之，不会因为那些无谓的事而耿耿于怀，不狭隘的人生才会感觉到幸福的存在。

所以，从现在起，不要计较太多，告别琐碎与平庸，拥有一颗豁达的心，你就能尝到幸福的滋味。

第1章

与其愤怒，不如淡然处世 淡然的人生不生气

和人相处，总会有产生摩擦和分歧的时候，你能做到不生气吗？可能会很难。当然，你可以去辩解理论，也可以用这样的方式去反驳质问。但这样定会遭来对方的还击，事态也会愈演愈烈，最后的结果可能会让你更加气恼。

这不是与自已过不去吗？与其这样，还不如保持沉默，不予理会，淡然待之。你沉默了，对方自然也觉得无趣了，一场风波也会因此而平息化解了。

心平气就和，无欲便安好

心平才会气和，气和才会心安。生气和愤怒都源自心中的欲念，其实，即使拥有了全世界，你也只能睡一张床，放弃那些让我们过于沉重的欲望，珍惜拥有，做一个真正的心理富翁，才不会被无谓的烦恼所左右。

有个年轻人脾气非常火爆，他深知生气对自己无益，但就是控制不了自己的脾气。无奈之下，他只好去求助神父，让他为自己指点迷津。

神父听完他的心事之后，没有开导他，反而将他关进了一间黑屋子里，悄然离去。年轻人气急败坏，大骂神父，可无论他怎么骂，神父均不予理会。

终于，他骂累了，颓然地坐在地上。神父在门外问："你还生气吗？"

年轻人回答道："我只气自己怎么会那么傻，跑到你这里来自讨苦吃。"

神父听完他的话，说道："你连自己都不肯原谅，更别说奢望你原谅别人了。"说完，转身走了。

过了很久，神父又来问道："你还生气吗？"

"不生气了。我生气也没有什么用，还不是被你关在这个又黑又冷的屋子里。"年轻人回答说。

神父说："现在的你把气都压在了一起，一旦爆发会比以前更加强烈，所以比生气更可怕。"说完又走了。

等到神父第三次询问年轻人的时候，年轻人说："你不值得我为你生气，所以我不生气了。"

神父摇了摇头说："你还没有从生气的深渊中解脱，因为你生气之源还在。"

又过了很长时间，年轻人主动问道："神父，你能告诉我气是什么吗？"

神父没有说话，看似无意地将一杯水倒在地上。

年轻人终于顿悟：原来心地就像这只空杯，清澈透明，了无一物，何气之有？

气由心生，心有欲则气生。很多人生气都源于对现状的不满，心中有了欲念，快乐就会被生气所吞噬。人与人之间产生摩擦，大部分都源于心中的欲念。比如夫妻之间生气，丈夫无非是想要妻子更加贤惠，不但下得厨房，还要上得厅堂；妻子却有望夫成龙之心，希望他更加有本事，给自己提供更加优越的生活。这些虽然都是鸡毛蒜皮的事，但是多少风花雪月都会淹没在柴米油盐当中，家里的硝烟往往都是这样引起的。

荀子认为："从人之欲，则势不能容，物不能赡也。"意思是说人的欲望是无穷无尽、无法满足的。当欲望无法满足，于是就有了生气的理由。很多人都在感叹自己拥有得太少，其实，再大的地方又能如何？你也只能睡一张床而已，再多好吃的，你的胃也就那么大，拥有再多的钱，也终会死去……每个人都是一样的，赤条条地来，赤条条地去，最终都会化作一抔尘土。所以，不要给自己套上精神上的枷锁，保持一颗澄澈透明的心，就会发现生活的美好。

天使来到人间，准备帮助人们解脱痛苦。

一天，他遇见一个穷人，穷人哭诉着说："我现在的生活简直糟糕极了！我和我的妻子，还有我的儿子、儿媳、女儿、女婿共同生活在一个小房子里，在这狭隘的空间里处处隐藏着矛盾，我们常常会因为一些事情而争吵，我的家简直就是个地狱！在这样的环境里生活下去，我迟早会疯掉的。善良的天使，你救救我吧！"

天使微微一笑，说道："你的境遇是很糟糕，不过不用担心，只要你按照我说的去做，会很快改变你的现状。"

痛苦不堪的穷人仿佛抓住了救命稻草，高兴地说："只要我能摆脱痛苦，让我做什么我都愿意。"

"非常好，你现在就回家去把你的牲畜都带到你的房子里，然后和它们一起生活。"天使说。

听了天使的话，穷人虽然觉得不可思议，但还是按照天使所说的话做了。他把自己养的鸡、羊、牛都带到了屋子里，他相信境况会有所好转。

可是，刚生活了一天，可怜的穷人几乎要崩溃掉了。他找到天使哭喊道："天使啊，我按照你所说的将那些牲畜都赶进了屋里，可是，你让我的生活变得更加不幸。"

天使笑着说："你现在回去把那些鸡赶出你的房间，你的境况就会好转的。"

几乎疯掉的穷人赶紧回家把那些鸡赶出了屋子。一天之后，穷人又找到天使，他无力地乞求天使："救救我吧，那两只山羊整天咩咩地乱叫，让我食不知味，睡不安寝……"

天使平静地说："你回家把那两只山羊牵回羊圈去，一切就会好的!"

穷人沮丧地回家把山羊牵到了羊圈。但是，两天之后，他又找到天使，懊恼地说道："天使啊，现在我的屋子简直就是个牛棚，粪便的味道充满整个屋子，我的生活简直变得像噩梦一般……"

天使心平气和地说："你说得没错。赶快回家，把那头牛牵到它应该待的牛棚去!"

第二天，穷人欢快地跑到天使跟前，兴高采烈地说："天呐，我把所有的动物都赶了出去，我的家是那样安静、那样宽敞、那样明亮、那样整洁，实在是一个令人愉快的家!感谢你把甜蜜的生活给了我。"

天使并没有改变穷人的生活，只是让穷人经历了一个更加糟糕的过程，然后再回到最初，以前让穷人痛苦不堪的生活却让他感到甜蜜。这个故事看起来有点可笑，但却说明了一个道理：世界上原本不存在烦恼，人们看到的烦恼往往都是庸人自扰。只要有一双发现美的眼睛，美就无处不在。

每个人都有过类似的经历，面对这些不如意，仿佛掉进了痛苦的深渊，那些令人烦恼的事情简直就是一波未平一波又来侵袭，而事实上事情根本没有多严重，我们只是没有发现生活的美好而已。

人生的快乐与否，有时完全在自己，而不在物质的丰厚。自己快乐，生活就快乐。追求太多不必要的欲望不仅仅消耗着我们的时间与精力，还时刻剥夺着我们享受生活的快乐。不如将心放宽，无论那些事情是否存在，都将自己的心保护起来，不受到那些所谓"事实"的侵袭，让自己生活在一个快乐的世界里，你会发现，心平气自和，无欲心自安!

既然于事无补，何必大动肝火

生命的精彩之处就在于它的不可预知性，命运会给我们安排许多风风雨雨，既然无可避免地被淋湿，还不如坦然地领略雨天的另一番美景。

禅师对兰花十分钟爱，弘法讲经之余，他精心培植了许多兰花，花费了很多时间和心血。

禅师准备外出云游，临行前叮嘱弟子们好好照料那些兰花，弟子们答应了。接下来的日子里，他们也像师父一样悉心照料这些花儿。

有一天，一位弟子在给兰花浇水的时候不小心将整个兰花架子碰倒了，架子上的所有花盆都摔碎了，兰花也被摔得支离破碎，弟子们惊慌失措，都做好了赔罪领罚的准备。

禅师回来后听说了事情的经过，并没有责怪弟子们。弟子们都疑惑不解，他们好奇地询问禅师："我们将师父如此钟爱的兰花摔坏了，师父为何不生气呢？"

禅师微笑着回答道："生气，并不是我种兰花的初衷。并且生气也不能让我的兰花复活，我生气也没有什么用啊。"

禅师无疑是一个智者，即使对兰花如此钟爱，他也没有因失去兰花而生气，因为他十分清楚自己生气也于事无补，所以不去做那些无谓的事情。同样，我们在生活中也应当像禅师一样，不因兰花得失而影响心中喜怒，要学会在烦恼中开辟出一条安静的路，找到人生当中另一番祥和。

人之所以会生气，都是源于一种习惯性思维，固执地认为一切错误都在他人身上，自己没有任何问题。然而事实上，你的生气无关他人，造成你生气的根本原因源于你自己。生活中有晴天也有雨天，微笑地面对这些暴风骤雨，你的心灵才会永远保持一片晴空。在自己即将生气的时候坐下来，深呼吸，保持微笑，试着安抚自己，你会发现心平气和地寻找解决问题的办法比生气要好得多。

早上，安华正要去上班，却在这个时候看见窗外哗啦啦地下着雨。以前都是妻子送他出门的，下雨的时候也是妻子将雨伞递在他手上。可是，这次妻子回娘家了，安华只好自己去找伞。安华不知道雨伞放在何处，东翻西找了一会儿还是不见雨伞的踪影，于是他渐渐失去了耐心，一边找，一边骂，并且不断地抱怨着妻子什么东西都乱放，最后终于忍不住拨通了妻子的电话。

电话刚接通，还没等妻子说话，他就大发雷霆地说："你到底把雨伞藏到什么地方了？我找了好久都没有找到，这可好，找了一会儿雨伞，上班准迟到，你又不上班，平时就不知道收拾收拾，什么东西都乱放。"

安华的妻子本来看见安华的来电很是开心，没有想到自己会劈头盖脸地挨一顿骂，心里既委屈又难过，于是不高兴地说道："伞一直放在阳台上的壁橱里，10年都没有变过，自己不操心家里的事还对我大吼大叫。"说完就"啪"的一声把电话挂掉了。

安华的妻子本来打算提前回家的，就因为这件事，她安心地在娘家住了起来，安华只好继续过着吃泡面的日子。

生气地将东西乱翻，并不能让安华快速地找到雨伞，跟妻子发火，雨伞也不会主动来到他的手上，相反，大动肝火只会将事情弄得更加糟糕。安华明白这个道理，却让气愤蒙蔽了内心。试想一想，如果安华在找雨伞的时候能够控制自己的情绪，好好想想以前妻子在雨天送自己出门的时候从家里的什么地方拿出雨伞，心平气和地去那些地方寻找，也许他会很快将雨伞找到，即使他找不到，当他拨通电话的时候温柔地询问妻子，他也能很快解决问题，然后轻松愉快地去上班。

生活中的我们也一样，常常会因为一些小事而耿耿于怀。譬如去饭店吃饭，肚子饿得咕咕叫也不见服务员把饭菜端上来，你是不是很恼火？是不是不停地抱怨，气急败坏？甚至向服务员大声喊叫？其实，理智地想一想，即使有再大的怨气，对方还是会按部就班地工作，而不会让厨师先为你炒菜，与其这样，还不如保持自己的风度，留下体力，安静地等待饭菜的到来；你穿上刚买的新鞋去上班，却在公车上被人狠狠地踩了一脚，你很生气地大声谩骂对方，对方就会因此弯下腰给你擦干净，或者是赔你一双新鞋子吗？答案当然是否定的，所以，还不如在对方说完“对不起”之后，微笑着回应对方一句“没关系”，下车之后将自己的鞋子擦干净，你会发现这一脚并没有夺去它的美丽。

有时候你会发现，生活中的不如意就像不小心沾上的一粒尘埃，你只需要掸掉它就好，不必花费力气去洗整件衣裳。正如遇到让你不愉快的人和事，不要把它们当成不可原谅的过失，努力让自己冷静下来，时刻记住生气给你带来的只是痛苦，而非欢乐，你就会淡然地把这一切当做生命中的小插曲，对于它所给你带来的影响一笑置之。

生气只会让你更加消极

> 随时用心去感悟生命中的每一件事，你就不会为任何原因而放弃掉生命中本应属于自己的风景，换一种心情，你就能承受生命中不能承载的负荷。

有一个渔夫正在河边捕鱼，就在这时，他发现一个哭泣的妇女要跳河寻死。

于是他问妇女：“你为什么跳河？”

“我被丈夫遗弃了。我很生气，所以我不想活了。”妇女抽噎着回答。

“哦，你什么时候认识你丈夫的？”渔夫继续问道。

“我是3年前认识他的，我们刚结婚1年他就另觅新欢不要我了。”妇人越说越伤心，真的要去跳河了。

“你等等，”渔夫及时地制止了她，继续问道：“那3年前没有遇见他的时候你是怎么活的？没有他你就活不下去了吗？”

“3年前我没有认识他的时候，我生活得很好、很快乐。”妇女回答。

“是啊，3年前你可以活得很快乐，那么3年后的今天，没有他你也可以过得很好啊。抛弃你是他的错，你为什么要用别人的错误来惩罚自己呢？况且你就这样死了，他就可以回心转意吗？即使他后悔了也于事无补啊？”渔夫劝解道。

“是啊，谢谢你让我明白了生命的可贵，如果不是你，我会被气愤冲昏头脑，再也看不见明天的朝阳了。”妇人终于笑了，轻松地离开了。

生活中的许多事情发生就发生了，无法改变，人们却总是因为一些根本无法改变的事实或错误而让自己的心灵承受着巨大的折磨，就像故事中的女人一样，将所有的问题一人承担下来，在万念俱灰、几近崩溃中打算放弃生命，了结此生。这样消极的思想并不能让她的情况发生任何改变，她的丈夫也不可能因此而回心转意，试想一想，即使他的丈夫有所悔意，那个时候的她和他也已经生死两相隔了，一切还有什么意义呢？

哲学家康德说：“生气，是拿别人的错误来惩罚自己。”所以，不要让自己去承受别人的错误，更不要自寻烦恼，如果火气过多，会把你的理智烧光。你会在不知不觉中将事情的消极影响扩大，这一定不是你希望得到的结果。

所以，在生活中，千万不要为一些已经发生的错误而作出毫无意义的牺牲，那样只会在气愤、低落的情绪中让自己付出代价，抑或是使周围的人受到伤害，而不能让错误本身发生任何改变。生气的影响是十分消极的，没有任何效用，还十分惹人生厌，是一种极其无聊的事情，那么，你喜欢去做一些无聊的事情，寻找无谓的烦恼吗？

那天，刘明喝了一点儿酒，跌跌撞撞地从饭馆里出来，一下子撞在一位迎面走来的法师身上，不但将那位法师的眼镜撞落在地上，眼镜还戳青了法师的眼皮。有点儿醉意的刘明看了看法师，毫无愧疚的意思，反而理直气壮喊道：“谁让你走路不长眼睛，活该！”

对于刘明的无理，法师不予理会，微微一笑转身离去。

刘明既尴尬又感到异常疑惑，好奇地问道：“喂，我把你的眼镜撞在地上摔坏了，弄伤了你的眼睛，还骂了你，你怎么不生气呢？”

“生气既不会使我这破碎的眼镜重新复原，又不能消除我脸上的瘀青，解除我的痛苦，所以我没有生气的理由。如果我对你破口大骂或者与你动粗，不但不能把事情解决，还会进一步伤害我的身体，我是不会去做这种得不偿失的事情的。”法师心平气和地说。

听完法师的话，刘明非常惭愧，问了法师的法号就离去了。

刘明本来是一个脾气十分暴躁的人，上学的时候不思进取，没有考上大学便在社会上混了，由于脾气不好，常常和别人打架斗殴，工作也不顺心，于是常常自怨自艾。好不容易结了婚，原本以为可以收收性子，没有想到的是他不但不懂得珍惜夫妻之情，还常常拿妻子撒气，轻则破口大骂，重则拳脚相加。

有一天，刘明去上班的时候发现有一份公文落在家里了，于是他返回去取，没想到的是刚到家门就听到妻子与一名男子在家中说笑，他十分恼怒，冲进厨房拿起菜刀想杀掉妻子和那个男子。然而，当他举着菜刀冲过去的时候，那个男子惊慌地回头，眼镜跌落到地下，刹那间他想起了那个法师，也想起了法师所说的话，他不停地问自己：“生气有用吗？生气并不能解决问题。”

就在他一遍遍地询问自己的过程中，他控制住了自己的情绪，冷静下来的他，仔细地想了想：“如果不是自己冷落妻子，时常对她发火，就不会出现这样的情况，妻子这样做，责任全都在自己身上。”于是，他不但没有鲁莽行事，反而懂得了如何善待妻子。

从那以后，他不但和妻子和睦相处，和同事之间的关系也有所改善，工作也得心应手了，事业上也有所成就。

面对这样的事情，大多数人都会忽略了生气并不能解决问题，不能像法师那样淡然置之，结果让自己火气过多，把自己的理智烧光，从而在不知不觉中将事情的消极影响扩大，甚至就此酿成大祸。其实，大部分情绪是可以控制的，只要能够让自己冷静下来，找回自己的理智，就会发现，生气只是自己在寻找无谓的烦恼。

我们生活中也常常会遇到各种各样令人愤怒的挫折、逆境，不管怎样都需要平静下来想办法解决问题，要明白无论怎样的情况，生气产生的都是消极的作用，是一件于事无补的事情。因此，要尽量避免这种情绪发生，尽量怀着愉快的心情去面对生活中的不如意，你就会发现事情往往会柳暗花明。

不要让琐碎之事吞噬快乐

令人生气的事情时刻在你的生活中出现，萦绕在你心中的不快常常变成和别人争执的导火索，等到事后却忘了当初是为何而争吵。

在湖水的深处生长着一群肉质鲜美、骨刺较少的鱼。它们是水鸟们最喜欢捕食的美餐，为了避免成为水鸟的盘中餐，狡猾的鱼儿们从不跳出湖面。

一天，鱼儿们又在水的深处游玩，一条鱼不小心撞在了暗礁之上，这条鱼顿时感到头晕目眩，昏了过去。醒来后，它看到同伴们正在笑自己，异常恼怒的它不停地绕着那个暗礁打转，抱怨水流太急，抱怨暗礁太密。

没过多久，它的肚皮就被气得圆鼓鼓的，不知不觉间它就飘到了水面上，它没有察觉到自己的危险，依然牢骚满腹地在水面徘徊。这时，一只水鸟从湖面飞过，发现了生气的鱼儿，无可避免地，这条小鱼成为了水鸟的美餐。

故事中的小鱼放大了事情的严重性，同伴的笑并没有什么恶意，它却耿耿于怀地将这件事无限放大，最终丢掉了自己的性命。生活中的很多人也是这样，觉得别人的一笑一颦似乎都是在向他挑衅，似乎别人的微笑都是隐藏着对他的深深伤害，于是挖空心思地去分析那些他认为会对他产生打击的事情，到最后却发现自己为根本不存在的事情偏执地生了很久的气，浪费了不必要的精力。

每个人都有喜怒哀乐，生气是正常的情绪反应，我们不可能让这种情绪消失不见，但是，也不能为一些本不应该生气的琐碎之事而大动肝火，这样的行为不但在他人的眼睛里是极其愚蠢的，当自己冷静下来也会觉得可笑。生活中有些东西是可以忽略掉的，生气的时候要记得给自己一个合理的理由。

连续忙了几个月，这个周末，苏珊终于可以歇息一下了。早上起床的时候本想打个电话问候一下自己的闺蜜罗斯，可是她两个调皮的孩子总是在身边不停地动来动去，或者拽着她的衣角，或者问她一些问题，把她弄得心烦意乱，烦躁的她终于忍不住向孩子大喊一声，然后粗暴地挂上电话，抓过孩子们就是一顿打骂，孩子们不知道自己犯了什么错，只好在那不停地抽泣。

苏珊的大好心情也因此而被破坏了，她想着早上的事情，倒牛奶的时候不小心洒出来烫到了自己，心里不停地嘀咕："都怪这两个淘气的孩子。"洗碗的时候心不在焉，打碎了一只杯子，虽然不值几个钱，但是苏珊十分恼火，认为都是因为两个孩子的吵闹使她的心情变得十分糟糕。事情还不止这样，洗衣服的时候，苏珊发现她心爱的衬衫上面那颗漂亮的扣子居然出现了一道裂痕，她简直要崩溃了，就这样，她几乎一天都没有什么好心情，带着火气擦地、整理衣物，时不时教训着两个孩子，就这样，她的周末过去了一天。晚上的时候，丈夫回来了，她没有心情说一句话，打了个电话约了朋友罗斯就摔门而去，刚回家的丈夫被她奇怪的举动弄得一头雾水。

苏珊见到罗斯，立即开始诉苦，不断抱怨这一天发生的事情，一边说一边生着气，不断重复着那句："都是这两个捣蛋鬼，弄得我心情一整天都非常糟糕。"罗斯微笑着听完她讲述的一切，说道："孩子有什么错呢？不高兴的事情都是你自己造成的，更何况那是多么微不足道的一件事情啊！你为什么把自己弄得不高兴一整天呢？"

苏珊这才反应过来，孩子还小，缠着大人是常事，为什么自己今天的表现如此糟糕，难道自己果然为了早上的一件小事情而不愉快一整天了？

你是不是也有过这样的经历，在你愤愤不平地向好友抱怨某个同事怎样对你另眼看待、向父母抱怨妻子或者丈夫有多么不理解人之时，却得到这样的回应："就这样的小事情呀。"其实，生活中根本就没有那么多的烦心事，而是你将一件本来无足轻重的小事一而再、再而三地放大，最终为自己套上精神枷锁，不但将自己弄得疲惫不堪，还影响到身边人的情绪，长此以往，你会发现令你生气的事情越来越多，而你的朋友却越来越少。

生气就像滚雪球一样，一开始只是一个小小的雪团，只要我们拿着这个小雪团在地上不停地滚动，这个雪球就会越变越大。所以，如果你不断地将不快的情绪翻来覆去地强化，最后会越来越生气、越来越恼怒，甚至把事情弄到不可收拾的局面。

虽然这些都是不值得一提的小事，却会弄坏你的心情，受这种烦躁不安的情绪引导，你就会感觉看任何东西都不顺眼，从而将自己变成情绪的奴隶。所以不要太过于纠缠那些微不足道的小事情，使你困在情绪的漩涡中，那不仅会令你的生活不愉悦，更让你失去了体会快乐的机会，困在烦恼中无法自拔，这样的结果是可悲的。

花开一季，草木一春，人的一生也是很短暂的。人生有许多值得我们去努力追寻、抑或是认真体会的事情，每个人都应当将这些事情放在自己的人生计划当中，而不应在那些琐碎的小事上浪费自己的时间和精力，这样才能让自己的人生了无遗憾。

没人会欣赏你生气的面孔

世人都喜欢用笑靥如花来形容微笑之美，笑是最美的表情。没有人会欣赏生气的面孔，即使你拥有绝世的姿容和风度，怒气过甚也会将其全部掩盖。

古希腊神话中，科林斯国王西绪弗斯因为得罪了宙斯，死后被打入地狱受惩罚。从此，他遭受永无止境的苦役——将一块块巨大的石头从奥林匹斯山下徒步推到山顶，但当巨石被推到山顶的时候，它又会自动地滚落到山下，如此，周而复始，这就意味着西绪佛斯永远也不能完成这份任务，永远都要单调地重复令他十分苦恼的苦役。

突然有一天，当西绪佛斯正全力以赴做这项工作，并全神贯注地观察自己的每一个动作时，他忽然间发现自己搬动巨石的每一个动作是那么优美、那么和谐。于是，他满意地欣赏并专注地观察着自己全力以赴的每个动作，忽然间，他的内心产生了一种尊贵、满足与快乐感，于是，他内心所有的苦恼、疲惫、绝望统统消失得无影无踪……

西绪佛斯全身心地欣赏且享受着这份苦役，于是，他就不再抱怨和焦虑了。正在他欣赏自己每一个动作的美感时，奇迹便在他身上发生了，诅咒在一刹那间解除，巨石也不再滚回山下，西绪佛斯也从永无止尽的苦役中获得了自由。

当西绪佛斯忘掉了苦恼疲惫之后，心境平和地欣赏着自己动作的优美之时，终于解除了诅咒，获得了自由。的确，任何人都喜欢迎接一副由于饱含热情而微笑的面孔，神也不例外。要知道，没有人喜欢欣赏一副生气的面孔，即便是你血浓于水的亲人、无话不谈的知己，他们虽然会包容你的任性和冲动，但是你愤怒的容颜一样会让他们生厌，甚至会影响你们之间的感情，更不必说在工作中或者其它方面的人际关系了，容易动怒将会断送你的好人缘。

如果说微笑是优雅的外衣，那么，愤怒则是粗鲁的代号。当愤怒像瘟疫一样不断扩散的时候，人们会因此远离你。威尔逊总统说过一句话："如果你握紧了两个拳头来找我，我可以告诉你，我的拳头会握得更紧。"每个人都会全力以赴地保护自己，当你的愤怒给别人造成伤害的时候，别人也很可能会用同样的方式来回应你。所以，在人生的舞台上，没有人会去欣赏一场生气的表演的，如果你尽情地去演绎，最终受伤的还是自己。

杰克刚刚在政坛上崭露头角，即将参与竞选的他经人引荐去拜访一位资深的政界人士，希望这位叱咤政坛的前辈能传授给他一些取得成功的经验，教教自己如何获得更多的选票，为竞选添加筹码。

听了杰克的来意，这位资深的政界人士很乐意和他谈一谈，但是在谈话之前他提出了这样一个要求，如果杰克每打断一次他说的话，就得付5美元。

"好的，没问题。"杰克很爽快地答应了他的条件。

"很好，那我们马上开始。首先就是，你对于你所听到的那些对自己诋毁或者污蔑的语言，一定不要感到愤怒，并且时刻都要注意这一点。"资深人士说道。

"这个我可以保证自己能做到，无论别人说什么话我都不会生气，对于他们的话我丝毫不会在意。”杰克自信满满地回答。

“哦,那很好,不生气是我成功经验里的第一条,也是最重要的一条。但是现在,坦白地说,我不希望像你这样一个没有道德的流氓来当选……”

“什么?先生,您不能这样……”杰克打断了资深人士的话。

“请付5美元。”资深人士向杰克伸出了手。

“噢!天!这只是一个教训,对不对?”杰克辩解道。

“是的,没错,这是一个教训,然而,这事实上也是我个人的看法……”这位资深的前辈轻蔑地说。

“您为什么要这么说……”杰克似乎要发怒了。

“请付5美元。”

“啊!噢!”候选人气急败坏地说道,“您的这10美元获得的也太容易了,这又是一个教训。”

“当然,你是不是应该先把这10美元付给我,然后再继续进行交谈呢?我也不想这样,可大家都觉得你是一个不讲信用和喜欢赖账的人……”

“你太可恶了,你怎么这样诋毁我……”杰克几乎暴跳如雷。

“请付5美元。”

“啊!又是一个教训,哦,我必须试着控制自己的情绪。”杰克安慰着自己。

“很好,之前我说的那些话并不出自于我的本意,现在我收回,我觉得你是一个让人尊敬的人,因为考虑到你卑贱的家庭出身,毕竟你的父亲是那样一个声名狼藉的人……”

“你才是个声名狼藉的恶棍!”杰克气得跳了起来。

“请付5美元。”政界前辈气定神闲地说,“现在,已经不是5美元的问题了,你要知道,每发一次火或者每当因自己受到侮辱而生气的时候,你就会因此至少失去一张选票。对你来说,选票可远远比银行的钞票要值钱得多。”

在这次谈话中,杰克学会了自我克制,但是他为此付出了高昂的学费。

杰克花了好几个5美元来上了这样一课,学会了应当怎样面对外界环境的干扰，怎样摆脱愤怒的情绪。如果没有这一课，他可能会因此付出巨大的代价，失去选票，甚至会因此永远告别政坛。我们在生活中是不会得到别人的教导，因此我们更需要注意不要为生气而作出太大的牺牲，一定要学会控制自己的情绪。

生活中你也会遇见这样的人，他们故意激怒你，让你暴跳如雷，目的就是想看到你生气的丑态，把看你出丑当做一种乐趣。面对这样的情况，你更加没有生气的理由。精明的你一定不会让他们得逞，别人越是想激怒你，你越要离愤怒的圈套远一些，让正躲在角落里等着看你出丑的人失望而归。否则当别人知道你跳进了他的陷阱之后，只会给你贴上"笨蛋"的标签。更多的时候，那些让你生气的人并不是有意去惹怒你，但你却因此而生气，这样听起来更加觉得可笑，对方对于你的生气根本就不知情，你却为此大发雷霆，你所有的愤怒都只是自编自演的一场独角戏。

生气，可能会帮你浇灭盛怒的火焰，宣泄心头的不满，但是绝对不会在别人的心中留下好的印象，风度是从来不会和生气为伍的。因此，学会尽量去控制自己的情绪，别成为生气的奴隶，不要受情绪的摆布，是保持风度的不二秘诀。

生气会让你离成功更远

> 成功是一个旋转门，有时只是一个转身的距离便可以使你获得。但是，有时候一些不良的情绪，会让你与它相隔天涯。

有一位法师，他在寺院后的山洞里修行 10 年后才回到寺院里，之后他每天都会在大殿里通宵打坐。

有一天，大殿上功德箱里面的钱突然丢失了，他无疑成为众人怀疑的对象。因为大家都知道他每夜都会在大殿内打坐，如果是别的盗贼前来行窃，他应该知晓才是。但是，当寺院主持当众说这事的时候，他并没有任何的反应，所有人都认为偷功德款的人一定就是他了。所以，全寺中的众僧人以及居士无不对他另眼相看，都向他投来鄙视的目光。

但是，当这个法师处在这种人人怒目相视的环境中，仍然能够心平气和，若无其事。他既没有站出来喊冤叫屈，向众人申明一切，也并没有流露出半点儿受委屈的情绪，与平常没有两样。每天按时去吃饭，每晚还是照样去大殿打坐。

终于，在7天后，寺中的主持才来揭开了谜底：原来功德款根本没有丢失，这是主持在考验他的，想知道他在山洞中住的10年里修炼出了什么样的境界。没料到他竟能在遭遇冤枉的情况下依然不改常态，以一颗平常心去生活，为此，全寺上下无不由衷地对他产生了崇敬。

世界上没有绝对的公平，有的时候难免受到别人的误解和指责，这个时候的态度往往决定着你的成败。像法师那样坦然面对、淡然处世才能经受住各种考验，使你的人生境界得到升华。其实，在成功的道路上，阻碍你前进的并不是缺少机会，抑或是资历浅薄，而是缺乏对自己情绪的控制。愤怒时不能制怒，使所有的人对你敬而远之，消沉时放纵自己的萎靡，让稍纵即逝的机会从指缝中溜走。

纵观古今中外，那些颇有成就的人大多并不是由于自己有如何聪颖的天资、有如何高明的手段，而是因为他们能将情绪收放自如，这时候，情绪已经不仅仅是一种情感的表达渠道，而是攻防中使用的兵器。

日本狮王牙刷公司的董事长加藤信三的成功秘诀就在于他深谙不生气的智慧。

加藤信三本来只是狮王牙刷公司里的一个普通的小职员，工作非常辛苦。有一天，因为前一天夜里加班到很晚才休息，所以第二天早上，闹钟响起的时候他还昏昏沉沉地想赖在被窝里不起来，他强迫自己起床，然后去洗漱，再赶到公司去上班。但是，他越着急事情越乱，匆忙中他又将牙齿刷出血来，这使加藤信三火冒三丈，身为牙刷公司的职员，使用自己公司生产的牙刷竟然刷出血，他非常恼火，满腹牢骚地冲出家门上了电车。

他怒气冲天地走进公司的大门，打算去技术部门发一通牢骚，但是在去的路上，他的脚步渐渐缓慢下来，心情也渐渐地平静下来。

“发火就能解决问题吗？当然不能。”在自问自答中，他走进了办公室。于是，他开始和同事们讨论牙刷会将牙齿刷出血的问题，并提出了如何改变牙刷毛质和牙刷造型、怎样排列刷毛才能更好地清洁牙齿又不会伤害牙龈的各种改进方案，然后加藤信三开始通过各种实验选择最好的改进方案。终于，他发现牙刷毛是由机器切割的，因此，刷毛的顶端都是锐利的直角，他用放大镜发现了这个问题，这才是问题产生的真正原因！他欣喜若狂。

只要改变刷毛的切割方式，把那些直角都变成圆角就可以让牙刷更加实用。同事们十分赞同他的提议，多次实验之后，加藤信三和几位同事将一份成熟的方案递交给上司，公司迅速投入资金生产，于是，新的狮王牌牙刷就诞生了，这种牙刷十分受欢迎，公司因此大大盈利。加藤信三由于为公司作出了巨大贡献被提升为主管，后来，他成为了公司董事长。

生活中的你在遇见加藤信三这样的情况之时会怎么做呢？是努力控制住自己的情绪，像加藤信三那样去寻求改变现状的方法，还是不管三七二十一，先发泄一通再说？如果你选择了前者，那么，你离成功又近了一步，如果你选择了后者，结果必将导致自己蒙受情绪的拖累，从而和成功失之交臂。

每个人都会有冲动的时候，但聪慧的人会十分清楚情绪会给他们带来无法预料的后果，他们会把即将爆发的情绪立刻收回，让自己迅速地冷静下来，或者是在即将爆发的时候转身离去，不把情绪带来的不良反应传给他人。控制自己的情绪，能够体现一个人的涵养和处世态度，如果情绪处理得当，能将阻力化为助力，能够帮助你化险为夷、政通人和，如果处理不当，则会发生许多非理性的言行举止，轻则误事受挫，甚至违法乱纪。

要相信，生气不能给你的人生带来任何美丽的音符，更不会美化你沿途的风景，因此，你应当学会控制自己的情绪，与其跟人生气，不如自己争气，好好地经营自己的人生。

不必争一时之气

人生的悲哀和矛盾，往往就是陷入或悲或喜的泥沼中无法走出，其实，人生最大的财富就是拥有生命，活着就是莫大的幸福。

池塘里住着一只乌龟，天气大旱，两只大雁经常来池塘喝水，于是它们成为了很好的朋友。后来池塘也干涸了，乌龟没有办法，只好决定搬家。两只大雁建议它和它们一起去南方生活，乌龟答应了。

于是两只大雁将一根树枝各衔一端，让乌龟咬着中间，再三叮咛乌龟在起飞之后不要再说话，然后就带着乌龟起飞了。

它们路过一个村庄，有一群小孩看见了这个有趣的组合，于是都拍着手，大笑着说："大家快看呀，那只乌龟真是太滑稽了！"面对孩子们的嘲笑，乌龟勃然大怒，忍不住想开口大骂，结果它刚一张口，就从空中跌落下来，摔在一块大石头上一命呜呼了！

佛说："生死呼吸之间，一口气转不过来，即成来世。"每个人都是从降生的那一刻起，就在与死亡做一生的搏斗。生与死只有一线之隔，很多时候生命烛光的熄灭容易得就像踩死一只蚂蚁。就像乌龟，忍受不了别人的嘲讽，因一时之气而失去了生命，这是极其愚蠢的事情。

每个人生活在这个世界上都不是单一的个体，在这个社会上生存，就必须面对不同的人际关系，遇见形形色色的人，不是每个人都可以和你一见如故。嘲讽是生活中永恒不变的话题，没有人能一生不遭遇别人的讥笑，有些人一辈子被讥笑淹没，自暴自弃；而有些人则因讥笑而奋发，成就一番功名，后者才是人生的强者。韩信曾受胯下之辱，苏秦也因穷困潦倒而被亲友讥笑，但是他们最后都选择了忍耐，用行动推翻了在别人心中的形象，证明了自己的价值。所以，面对别人不友善的挑衅和嘲讽，我们应该明确自己的生存价值，认清自己要走的路，不要太在乎别人的看法，只有这样，才能笑看人生百态，用淡然的心态去积极进取。

身为“万物之灵”的人类却常犯这只傻乌龟所犯的过错。为一件小事而大动肝火，甚至丢掉自己性命的人大有人在，而从来没有动过气的人少之又少，即使是得道高僧，也难免有动气的时候。然而生气又有什么用呢？无非是自己跟自己过不去，自己跟自己较劲，就好比左右手互搏，赢了又能怎样？最后受伤的还不是自己？真正的英雄不会争一时之气，他们懂得如何面对百味人生，正如勾践的“卧薪尝胆”被后人当做忍辱负重的楷模，而项羽的“无颜见江东父老”则被视为英雄末路的哀叹，这难免让人有英雄气短的遗憾。

1965年9月7日，在美国纽约举行的世界台球冠军争夺赛中，发生了一件很不可思议但又千真万确的事情，一位有望夺冠的选手被一只苍蝇打败了。

那天，比赛的时候，选手路易斯·福克斯势不可挡，一路领先，只要发挥正常水平再得几分，冠军宝座就非他莫属了，因此他十分得意。

然而，正在他全力以赴争夺冠军的时候，却发生了一个小小的插曲，一只苍蝇落在了主球上。于是他挥手想将苍蝇赶走，苍蝇却十分钟爱这个主球，当福克斯打算俯身击球的时候，那只苍蝇又飞回来，观众席上传出一片笑声。福克斯感觉非常尴尬，似乎觉得所有的人都在欣赏自己的窘态，于是在观众的笑声中再一次驱赶苍蝇，但是这只执著的苍蝇总是在福克斯准备击球的时候又飞回到主球上，好像故意跟福克斯作对似的，让在场的观众大笑不止。

福克斯气得脖子上的青筋外露，忍无可忍的他愤怒到了极点，终于失去了理智，用球杆驱赶苍蝇。很不幸的是球杆碰到了主球，裁判判他击球，也就是说，福克斯因为这只苍蝇失去了一轮机会。一时之间，福克斯方寸大乱，连连失利，使比赛情况在顷刻间发生逆转，他的对手约翰·迪瑞愈战愈勇，很快就赶超了福克斯，最后夺走了本来属于福克斯的桂冠。

更加令人痛心的是，羞愤难当的福克斯忍受不了这样的失败投河自尽了，人们发现他的尸体之时无限惋惜。

人只要被情绪控制就会变得很愚蠢，是苍蝇打败了世界冠军吗？当然不是，真正击倒福克斯的是他那颗愤怒的心。苍蝇在主球上根本就不会对他产生任何不利的影响，如果他能忽略这只苍蝇，他就能够轻松地登上世界台球冠军的宝座，享受属于他的鲜花和掌声。但是，他不但因为这只苍蝇而生气，还为此在大好年华里把自己的生命付之流水，在人们的心里留下怯懦和愚不可及的印象。

要知道，生活中的"苍蝇"无处不在，如果你总是为它耿耿于怀，将精力放在那些原本根本不能阻碍你前进的事情上，并且过分夸大它们对你的影响，盯住芝麻而放弃西瓜，那么，你只会步福克斯的后尘。

有了前车之鉴，人们应当学会克制自己的情绪，把生活中的种种不利因素变成对自己有利的因素，或者让那些不利因素变得没有任何意义，这才是能操纵命运的强者。真正的英雄是不会为一时之气而放弃掉自己的人生大计的，他会锁定自己的目标，不为那些小插曲所打动，心无旁骛地到达成功的彼岸，让自己的生命开出永不衰败的花朵。

别让冲动蒙蔽了你的心

人并非不食人间烟火的冷血动物，喜怒哀乐是人的天性使然。正因为人有着丰富的感情，人与人之间、人与社会之间才能构成一种和谐的氛围。但是，动不动就冲动，却绝非一种好的品质。

久战沙场的将军终于厌倦了战争，于是想拜宗呆禅师为师，出家修行，他诚恳地对宗呆禅师说道："慈悲为怀的禅师，我已经厌倦尘世，心无旁骛地一心向佛，请收留我做的弟子吧！"

"你六根未净，还不能出家，以后再说吧！"宗呆禅师回答说。

“禅师!我什么都能放下，包括妻子、儿女和家庭，难道这样六根还未净吗?请您即刻为我剃度吧!”将军恳求道。

“明天再说吧!”宗呆禅师还是没有立即答应将军的请求。

这天，将军一夜未眠，天刚微亮就来到寺里礼佛，宗呆禅师一见到他便说：“将军为什么起得这么早就来拜佛呢?”

“为除心头火，起早礼师尊。”将军用禅语诗偈道。

“起得那么早，不怕妻偷人?”禅师开玩笑地也用偈语回道。

听了禅师的话，将军顿时火冒三丈，大声骂道：“你这老怪物，讲话太伤人了!”

面对将军的谩骂，宗呆禅师哈哈一笑道：“轻轻一拨扇，性火又燃烧，如此暴躁气，怎算放得下?”

人生最难的是放下，在尘世间生活了这么久的凡人，染上了数不清的坏习性，是不可能说放下就放下的。所谓：江山易改，习性难除。喜怒哀乐是人最本质的东西，要做到淡然处世并不是一朝一夕的事情。就像这个将军，他嘴里说可以放下自己的妻子儿女，但是却被禅师轻轻一激就原形毕露。

俗语有云：“人逢喜事精神爽，闷上心来瞌睡多。”人是一种善变的动物，喜怒哀乐变化无常，但是遇见开心的事也不要高兴过头，物极必反，所以就有了乐极生悲；遇到不高兴的事也不要随便发火，更不要在冲动之下作任何决定，因为冲动是魔鬼，一旦受了它的控制，你就会不由自主地作出错误的决定。

冲动是思想上的“魔”，冲动做事就会走火入魔，给自己和别人都带来极大的损失和痛苦，甚至改变一个人、一个国家的命运，往往会造成难以弥补的悲惨结局。历史上不乏这样的例子，比如有名的夷陵之战。

刘备为报东吴夺荆州、杀关羽之仇，不听群臣的劝谏，执意发兵数十万讨伐东吴，孙权派陆逊率5万兵马抵抗。陆逊采取避其锋芒、以逸待劳的战略，利用蜀军在山林中扎寨的弱点。使用火攻，连破蜀军40余营。刘备全军覆没，只身仓皇逃往白帝城，不久病死。此次大败，令蜀汉元气大伤。从这个典故中我们不难看到，刘备由于一时的冲动，造成了自己惨败的结局。历史的教训值得深思。

在现实生活中，我们经常会听到“冲动是魔鬼”这句话。然而，又有多少人能真正理解它的内涵，把它作为自己的人生信条呢？当然，人并非不食人间烟火的冷血动物，喜怒哀乐是人的天性使然。正因为人有着丰富的感情，人与人之间、人与社会之间才能构成一种和谐的氛围。但是，动不动就冲动，却绝非一种好的品质。冲动不但会对别人造成难以弥补的伤害，还会让自己追悔莫及。

猎人上山打猎，无奈一直没有收获。连续走了几个小时之后，猎人所带的水已经喝完，他感觉越来越口渴，却一直没发现水源。当他走到一个山谷时，看到有水滴从上面落下来，猎人连忙从皮袋里取出杯子，耐着性子用杯子一滴一滴地接流下来的水。终于，水接到了七八分满，就在他正准备一饮而尽的时候，一股急风把杯子从他手里打了下来。

猎人心急怒起，抬头却看见自己的爱鹰在上空盘旋。他有点生气，可对鹰又无可奈何，于是他只好重新拾起杯，继续接水。当水滴到七八分满时，鹰又把水弄翻了。猎人怒到极点，生了报复之心，想整治一下老鹰。

猎人一声不响地捡起水杯接水，当水滴到七八分满时，他悄悄取出匕首，夹在掌心，然后把杯子慢慢往嘴边移近。老鹰又向他飞来，猎人迅速拿出匕首，杀死了老鹰。由于他的注意力集中在杀死老鹰而忽略了手中的杯子，因此杯子掉进了山谷里。

猎人心想，既然水是从山上滴下来的，也许上面有蓄水的地方。于是，猎人忍住口渴，用尽力气往山上爬。终于，他到达了山顶，并看到了一个蓄水的池塘。猎人连忙弯下身子，想喝个饱，却突然发现池塘边有一条大毒蛇的尸体。这时，猎人才恍悟：原来老鹰几次打翻水杯，是担心我喝下受蛇毒污染的池水而被毒死，而我却误会了它，还杀了它……

猎人非常自责，他发誓：此后绝不在生气时作决定。

怒气如同一颗炸弹，在生气时作出任何决定，都可能失去理性，给自己造成损失。如果猎人能够多一点耐心，少一点怒气，他就不会用匕首杀死那只救了自己性命的老鹰。可惜，人生不会重来，自己做错的事还要由自己来承担。这个故事启示我们，在生活中一定要少生气，尽量不生气，好好爱惜自己；永远不要在生气时作决定，让人生之路少一些遗憾。

误会，往往是人在不了解事情真相、缺乏理智、缺乏耐心、不经思考、感情极为冲动之下所发生的，其后果便是伤人伤己。

冲动是一种理智的迷失，是为人处世的大敌。人在一生当中，个人利益经常会受到他人有意或无意的侵害，如果你抑制不住冲动和鲁莽，动不动就发怒、大动干戈，你将永远生活在无尽的烦恼和悔恨之中。

遇事“三思而后行”，是治疗冲动最好的良方。学会自警自戒、善于控制冲动，是一种心态的调整、性格的修养、精神的净化。自觉地培养和锻炼自己的意志力和控制力，形成良好的心理素质，是你成就事业的前提，享受健康、快乐、幸福人生的基石。

第2章

接受不完美，心灵才自由 淡然的人生不遗憾

金无足赤，人无完人。这个世界没有绝对的完美。世间的一切事物都是有缺憾的，如果我们总是对诸多的不公平不依不饶，事事都较真，都苛求完美，那么内心一定会感到疲惫不堪。

只有以冷静、宽容、积极、平和的心态去对待不平之事，淡然处世，才能够获得无比的从容和快乐。

缺陷的人生也有鲜花和掌声

上帝从未创造过一个标准的人，我们都如同上帝咬了一口的苹果，都是有缺陷的。有些人缺陷大些，只是因为上帝特别喜欢他们的芬芳。

很久以前，有位渔夫从海里捞到一颗晶莹剔透的大珍珠，爱不释手。但美中不足的是珍珠的上面有个小黑点，“美珠有瑕”。渔夫想，如能将小黑点去掉，珍珠将变成无价之宝。可是渔夫剥掉一层，黑点仍在；再剥掉一层，黑点还在；一层层地剥到最后，黑点没有了，然而珍珠也不复存在了。

渔夫想得到的是美的极致，在他消除了所谓的不足时，美也消失在他过于追求完美的过程中了。有黑点的珍珠不过是白璧微瑕，正是其浑然天成、不着雕痕的可贵之处，如同“清水出芙蓉，天然去雕饰”，美得自然、美得朴实、美得真切。美丽的真正价值往往不在于它的完整，而在于那一点点的残缺，就如同缺失双臂的维纳斯，它能给人以无限的遐思，美丽也就在这样一种遗憾和遐想中成为极致。

然而，我们经常会看到一些人埋怨生活不美满，这不如意、那不舒心，总之，在他们眼里到处充斥着不完美，从而影响了他们的心情，破坏了他们的生活。其实，人生就是充满缺陷的旅程，生活也不可能完美无缺。十全十美在现实生活中是很难找到的，这种完美之事只存在于人的想象中。正因为有了残缺，我们才有梦，才有希望。

不完美是生活的一部分，拥有缺陷是人生另一种意义上的丰富和充实，同时，损伤和缺憾往往是我们进入另一种美丽的契机。当我们为梦想和希望而付出努力时，我们就已经拥有了一个完整的自我。人生的美好并不完全取决于完美无缺，而恰恰是因为有缺憾才会有追求和拼搏，才会使自己的生命分外多彩。

美国第26任总统罗斯福，小时候的他有着一副非常“抱歉”的面孔，暴露在外、参差不齐的牙齿、畏首畏尾的神态，都成为了别人嘲笑他的原因。因为他有气喘的毛病，所以当他在教室里被老师唤起来背书时，他的呼吸急促得好像快要断气，两腿站在那里直发抖，牙齿也颤动得像要脱落下来一样，显得局促不安。他背出的句子含糊不清，几乎没人听得懂，背完后，便颓然坐下，就像是疲惫不堪的战士突然获得了休息。

也许你以为他一定会性格内向、文静怕动、神经过敏、不喜交际、常常自怨自艾，但是你完全错了，他没有因这些缺陷而气馁，反而因为有了这些缺陷而加紧了他的奋斗，这种奋斗并不是谁都能做到的。他经过长期的坚持和学习，才把那常常被人鄙视的气喘改成一种沙声，把齿唇的颤动和内心的畏缩改成卓越的口才和自信的行动。

当他看见别的孩子在操场上嬉笑、跳跃、东奔西跑、做着种种激烈的运动时，他也踊跃参加，从不退让。他和大家一样骑马、赛球、游泳、竞走，而且常常名列前茅，成为业余的运动家。他常常以那些坚定勇敢的孩子们为榜样，自己也常常体验冒险的精神，勇敢地对付种种恶劣的环境。当他和别人在一起时，他总是用亲切和善的态度去对待任何同伴，主动与他们接近。这样一来，他即使有着内向的自怜心理，也被自己的行动克服了。他深知上帝从来没有创造一个标准的人，只要自己心境舒坦快乐，一切都将顺利得好像预先安排好的一般。

缺陷造就了罗斯福一生的奋斗精神，这无疑是他经营一生伟业最可贵的资本。他绝不把自己看做一个懦弱无能的人，在他升入大学前，就经常自我鞭策，用有节律的运动和生活恢复了他的健康，使自己变成了精力超众、强健愉快的人。他常常趁假期之暇到亚历山大去追逐牛群、到洛杉矶去捕熊、到非洲去捉狮子，看到他那种勇敢强壮的姿态，谁还会想到他就是曾在学校里受窘的那个小学生呢？

罗斯福因为有缺憾，才有了奋斗的动力，才有了坚韧的毅力，这一切，又给他带来了人生的转机，缺憾成就了他一生的功名。事情往往如此，越是有缺陷的地方，却容易迸发勃勃的生机。

事事追求完美是一件痛苦的事，它就像是毒害我们心灵的药饵，会让我们在痛苦和纠结中浪费掉时间和精力。就像罗斯福一样，与其顾影自怜，不如静下心来好好地数一数上天给自己的恩典。要知道，鲜花不是因为芬芳而圆满，而是因为既有芬芳又有凋谢才圆满；彩虹不是因为绚丽而圆满，而是因为经历了风雨，终现缤纷的色彩才圆满。

如果缺陷已经属于自己，我们就应该正确地面对它，不必太在意自己身体上的这些缺陷，把精力都放在自己该做的事上，并且积极进取，使自己更充实。人的一生或多或少都存在着缺憾，有残缺没有关系，可怕的是不思进取，那样才是永远的缺憾。

缱绻的人生，遗憾是份不错的答卷

世界并不完美，人生当有不足。没有遗憾的过去无法链接人生。对于每个人来讲，不完美是客观存在的，无须怨天尤人。

有这样一对性格不合的夫妇，丈夫8次提出离婚要求，而妻子就是死活不离。在法院判决中，女方总是胜诉，就这样一直拖了29年。29年的岁月过去了，这位妇女的青春年华在拖延不决中消失了，乌黑的头发已成白发，红润的脸颊变黄了，刻上了一道道岁月的伤痕，身体也被折磨得满身病痛。

由于妻子的坚持，婚姻仍然存在，然而爱情早已荡然无存。她失去了幸福的家庭，失去了自己的青春，失去了健康的身体，也失去了再婚的机会，孩子也没有因此得到真正的父爱。

最后，法院还是判离了。离婚后不到两年，这位不幸的妇女就因病情加重而离开了人世。

很多时候我们以为自己失去了很多，所以很伤悲，其实不用这么悲伤，当我们错过了这个，实际上已经得到了那个，比如一份感情，我们痛惜曾经那么深爱的人分开，其实如果要分开，那么就一定有它分开的理由或者不合适的理由，大可不必那样伤怀，不合适的时候大家彼此松手实际上也是一种理智，当你失去这份不合适的感情的时候，才可能得到以后真正属于你的感情，失去的同时也是为下一次的得到打下基础。我们又何必悲哀呢？当真正失去的时候，我们不要沉浸在自己设置的伤感氛围中无法自拔，其实很多的痛苦是自找的，你只要想着当你错过花的时候你就能收获雨，错过了他，我才遇到你，因为上一次的失败才使得现在成功，人要背着自己的行囊不断前行，而不是停止脚步来不断地吮吸自己的伤疤。

每一份感情都很美，每一程相伴也都令人迷醉。是不能拥有的遗憾让我们更感缱绻；是夜半无眠的思念让我们更觉留恋。感情是一份没有答案的问卷，苦苦地追寻并不能让生活更圆满。也许一点遗憾、一丝伤感，会让这份答卷更隽永，也更久远。爱情不是永久保证书，但你可以保证洒脱与幸福。

小洁失恋了之后，变化很大，以前那个活泼可爱的她不见了，她的笑容也从她的脸上消失了。

看见她这个样子，所有的朋友都很着急，于是，经常找她出来一起玩，希望能帮助她走出这份痛苦的回忆。甚至还有朋友给她介绍了新男友，不过她还是拒绝了，总说等一段时间再说。

朋友们知道，小洁还是没忘记过去，于是对她说："小洁，别想以前那个男人了，这世界大得很，比他优秀的人多得是，何苦为他生气！我们不能因为一棵树而失去整片森林！"

小洁却睁大了眼睛，说："你们说什么呢？我早就忘记他了，你看，我现在没一点事情！"说完，勉强露出了笑容。然而朋友们知道，其实这是小洁在安慰自己、安慰大家，因为她的笑容，没了当年的那种洒脱。

后来，几个朋友坐在一起商量，决定帮小洁走出回忆。一个朋友说："咱们就先给她找个男朋友吧，最好是她不认识的。当然，咱们可以说这是新朋友，然后一点点给他们制造机会。有了新生活，她就会一点点地忘记过去！"

这个建议，得到了朋友们的一致认同。于是，他们在一次聚会上找来了一个男孩，并热情地把他介绍给了小洁。一开始，两个人还比较沉默，不过随着渐渐熟悉，加上朋友们的撮合，两个人的交流也热烈了起来，甚至还互留了电话。

看到这个情形，朋友们自然也是非常高兴，于是经常举办这种活动。果然过了

3个月，这两个人成了情侣，甜蜜地让大家都有些嫉妒。有一次，一个朋友小心地问小洁："你前男友怎么样了？"

小洁说："我怎么知道他怎么样？我还有我的生活呢！"说完，大家一起全笑了。因为他们看到，当年那个活泼的小洁终于回到了眼前。

人的一生中会遇见许多错的人才会遇见对的人，失恋是大家必须经历的人生课堂。我们用自己的心真心爱过，在失去的时候当然会痛，但是，生活仍将继续，我们不能沉湎在失恋的痛苦里不能自拔，我们要学会忘记。就像小洁一样，认识新的人，开始新的生活，最终有了新的幸福。

在《西游记》中，历经艰辛的唐僧师徒在取得真经归来的途中，由于猪八戒毛手毛脚，将一本经书的最后一页拉掉了一长条，唐僧惋惜不已，而此时孙悟空说了这样一句话："师傅，凡事都不是完美的，有一点缺憾，也是一种美。"唐僧听完，顿时释怀。由此可见神仙也会有缺憾，何况是凡俗的我们。

人生在世，总会有大大小小的遗憾，这个世界本就不完美，我们要坦然地面对这些遗憾，懂得知足，就会释然。爱情全在于缘分，缘来缘去，不一定需要追究谁对谁错。爱与不爱又有谁可以说得清？当爱着的时候只管尽情地去爱，当爱失去的时候，就潇洒地挥一挥手吧，人生短短几十年而已，自己的命运把握在自己手中，没必要在乎得与失、拥有与放弃、热恋与分离。

学会欣赏不完美中的美

完美永远是可望而不可即的。当我们不再注意自己是否完美时，或许有一天我们就会惊喜地发现往日苛求的完美今天已经具备。

有一只木车轮被人砍下了一角，它非常的伤心郁闷，它下决心要寻找一块合适的木片重新使自己完整起来，于是离开家开始了长途跋涉。

这个残缺不全的车轮走得很慢，一路上，风光旖旎，它看见了各种美丽的花朵、高大的树、一望无际的原野，它还和草叶间的小虫攀谈、听林间的小鸟欢歌……当然它也看到了许许多多的木片，但都不太合适。

终于有一天，车轮发现了自己寻觅很久的、适合自己的木片，它惊喜万分，马上将自己修补得完好如初。修好的车轮跑得非常快，它忽然发现，因为自己跑得太快，所以再也看不清花儿美丽的笑脸、大树的英姿，也听不到小虫动听的鸣叫、小鸟悦耳的歌声……车轮沮丧地停了下来，它想要回原来的世界，于是它把木片留在了路边，自己缓慢地向前走去。

从这个故事可以体会到，许多苦恼的根源来自于人们心中的一个误解：必须做到尽善尽美，才能获得别人的好感。当人们踏上追寻完美的不归之路时，生活便渐渐变成了专门为他们捕捉过失的陷阱。所以，我们总是因怀疑自己做得不够好而愧疚与担心，担心爱我们的人会因此对我们感到失望，结果却适得其反。

世界上绝对完美的东西是不存在的，因为每个人的视角都不一样，每个时代的审美观也都不一样。什么是美？怎样才算美？在每个人心中有着不同的天平，所以，我们就更无须事事追求完美，让所有人都满意是不可能的事情，为此伤神是极其没必要的。

从前，有两个孤儿自幼拜一个和尚为师。当两师兄成年以后，师父把他们叫到面前说：你们都成年了，应该有自己的将来和梦想，由此往北行，在那群山深处有块绝世美玉，只要你们寻得那块绝世之宝就可以下山追寻自己的将来了。

两师兄次日就离开师父出发去北方山中寻找美玉了。师哥是一个注重实际、不好高骛远的人。有时候，即使发现的是一块有残缺的玉，或者是一块成色一般的玉甚至有些奇异的石头，他都统统装进了行囊。

过了几年，到了他们师兄弟约定汇合的时间，此时他的行囊已经满满的了，尽管没有师父所说的绝世完美之玉，但造型各异、成色不等的众多玉石在他看来也足以令师父满意了。后来师弟到了，两手空空，一无所得。师哥诉说了自己这些年的收获。师弟说，你这些东西都不过是一般的珍宝，不是师父要我们找的绝世珍品，拿回去师父也不会满意的，更不会要我们下山。师弟说，我不回去，我要继续去更远更险的山中探寻，我一定要找到绝世美玉。师哥再三劝说他都无动于衷。

师哥只好带着他的那些东西回到了从小生活的山上，将自己的收获一一呈现在师父面前，还介绍了自己与师弟相遇时师弟的探宝情况。师父听后点了点头头说：你做得很好，明天你可以带着你的珍品下山了。还告诉他说，你师弟不会回来了，他是一个不合格的探险者。他如果幸运，能中途醒悟，明白至美是不存在的这个道理，是他的福气。如果他不能醒悟，便只能以付出生命为代价了。

师哥下山后用那些造型各异、成色不等的众多玉石开了一个奇玉石馆，在他的努力下将那些玉石、奇石一一加工，制成了稀世之品。短短几年，师哥的奇玉石馆已经享誉八方，在他寻找的玉石中，有一块经过加工成为不可多得的美玉，被国王御用做了传国玉玺，师哥因此也成了倾城之富。

很多年以后，师父已经奄奄一息。师哥回山探望师父，并对师父说要派人去寻找师弟。但被师父阻止了，对他说：经过了这么长的时间和挫折他都不能顿悟，这样的人即便回来又能做成什么事情呢？世间没有纯美的玉、没有完善的人、没有绝对完美的事物，为追求这种东西而耗费生命的人，何其愚蠢啊！说完师父就驾鹤西去了。

世界上没有绝对完美的美玉，而我们在寻找它的过程中，要降低心中对美玉的标准，不能过于苛刻，否则你将一无所获。

对于每个人来讲，不完美是客观存在的，无须怨天尤人。完美主义者表面上很自负，内心深处其实很自卑，因为他们很少看到优点，总是关注缺点，如果总是不知足，很少肯定自己，他们就很少有机会获得信心，当然就会自卑了。

一个人即使再优秀也有缺点，同理，再愚蠢的人也有优点。学会欣赏别人和欣赏自己是很重要的，这是使人更进一步实现下一个目标的基石。不要用放大镜去看缺点，避免以完美主义的眼光去观察每一个人，而应以宽容之心包容其缺点。少些责难之心，多些宽容之心，你会发现，你的朋友会越来越多，你的人生之路也会越来越宽广。

缺憾是最真实的完美

改变我们能改变的,接受我们不能改变的,只有这样我们才能做到心灵健康平和,生命原本不完整,或许缺憾才是真正的完美。

家琪已经是三十好几的人了,但是到现在依旧是一个人,父母急得白发都多了一层,周围邻居有时也对她说长道短的,因为是性格使然,她从来都是一个有什么说什么的人,丝毫不隐藏,也谈过几个男朋友,但都受不了她的性格,最后都分了。

一次偶然的机会,家琪认识了建祥,建祥离过婚,有个孩子,才6岁。由于第一次的婚姻失败,建祥对于婚姻开始慎重。在和家琪的交往中,他发现了家琪的善良、执著,以及她的固执,他开始觉得这个女人应该有个人好好去疼她,于是开始追求。对于家琪来说,虽然建祥离过婚,还有孩子,但是他毫不掩饰,认为这人难得的实在,对自己也是疼爱有加。于是他们结婚了,虽然一开始不被所有人看好,但婚后的他们用实际的行动证明了他们的爱,他们说婚姻是两人各削去一半自己的个性和缺点,然后凑合在一起,才组成了完整幸福的家庭。

追求完美是好的,也是人的天性之一。只是在追求完美的同时你也应该了解,没有哪个人的一生是了无遗憾的,外貌、性格上、经历……而我们要做的就是让自己越来越好,当一个人懂得承认自己的不完美时,他也就离真正的完美不远了。

人有缺陷并不可怕,可怕的是刻意掩饰、自欺欺人。有一位腿有残疾的私营企业主,经过自己十几年的奋斗拼搏,终于成了闻名遐迩的雕刻家和经营雕刻精品的大老板。有人对他说:“你如果不是残疾,恐怕会更有成就。”他却淡然一笑说:“你说得也许有道理,但我并不感到遗憾。因为如果没得小儿麻痹症,我肯定早下地当了农民,哪有时间坚持学习,掌握一技之长?我应该感谢上帝给了我一个残疾的身体。”丘吉尔是英国历史上最著名的首相，1953年获诺贝尔奖，但他也曾经是一个贪睡、贪酒的人，还曾因吸食鸦片两次被赶出办公室。但他改掉了自己年轻时的不良嗜好，经过不懈的努力，成就了伟大的事业。

缺陷或大或小、或多或少，人人都有。然而，面对缺陷，大多数人是去掩饰。掩饰缺陷也许是人的天性，毕竟能在大庭广众之下袒露自己缺陷的人实在不多。因此袒露缺陷确实需要勇气，要战胜自己的懦弱，战胜自己的虚荣，还要战胜世俗的偏见。所有这些，没有超人的勇气是万万做不到的。

人生就是如此，不完美才是真的，只要我们真诚地面对，有点缺憾，人生照样精彩。

有一个男人单身了半辈子，突然在43岁那年结了婚。新娘跟他的年纪差不多，但是她以前是个歌星，曾经结过两次婚，都离了，现在也不红了。在朋友看来觉得他挺亏的，这不是一个好的选择，因为新娘身上的瑕疵太多了。

有一天，他跟朋友出去，一边开车，一边笑道：“我这个人，年轻的时候就盼望着能开宝马车，可是没钱，买不起。现在呀，还是买不起，只能买辆三手车。”

他的确开的是辆老宝马车，朋友左看看，右看看，然后说：“三手车？看来很好哇！马力也足！”

“是呀！”他大笑了起来，“旧车有什么不好？就好像我太太，嫁过广州人，之后又嫁过上海人，还在演艺圈待了20年，大大小小的场面见多了。现在老了、收了心，没有以前的娇气、浮华气了，会做一手好菜，又懂得料理家务。说老实话，现在真是她最完美的时候，反而被我遇上了，我真是幸运呀！”

“你说得挺有道理的！”朋友陷入沉思。

他拍着方向盘，继续说：“其实想想我自己，我又完美吗？我还不是千疮百孔，干过许多荒唐事，正因为我们都走过了这些，所以两人都变得成熟，都懂得忍让、都彼此珍惜，这种不完美，正是一种完美啊！”

正因为这位男士能够承认自己的不完美，才不苛求爱人的完美，结果两个有瑕疵的人才能凑到一起，组成一个幸福的家庭。从某种意义上看，人就是生活在对与错、善与恶、完美与缺陷的现实中，我们既然能从自己非常优秀与完美的现实中受益，为什么就不能从自己的缺陷中受益呢？

我们应该明白有缺陷并不是一件坏事，那些自认为自身条件已经足够好，以至于无可挑剔、不必改变现状的人往往缺乏进取心，缺少超越自我、追求成功的意志。相反，承认自己的缺陷，正确认识自己的长处与短处，却可以使我们处在一种清醒的状态，遇事也容易作出最理智的判断。在人世间，人是注定要与“缺陷”相伴，而与“完美”相去甚远的。所以要在从容淡定的心态中微笑着面对和承接该来的一切，任凭岁月的风刀利剑斩断羁绊的枝蔓，笑对流年的和风细雨，沉淀过往的真情，也许有一天，你会发现，当你不再去刻意追求所谓的完美时，在别人的眼中，你真的已经很完美。

完美是心灵的重负

完美就像冬天晶莹剔透的落雪，刚开始温暖就会融化，亦如春天娇艳芬芳的花朵，走过一季就会凋零枯萎。它只是一处景致，稍稍疏忽就会残缺，看过就好，不必记在心间，否则就会成为生命中的不负之重。

有一个男人，很大年纪了还没有找到自己满意的人生伴侣。于是他来到一家婚姻介绍所寻求帮助。进了大门后，便看见两扇小门，一扇写着：“漂亮”的，另一扇写着“不太漂亮”的，男人很自然地推开了“漂亮”的门，迎面又是两扇门。一扇写着“优雅”的，另一扇写着“俗气”的。男人毫不犹豫地推开了“优雅”的门……就这样一路走下去，男人推开很多扇门，当他来到最后一道门时，门上写着一行字：对不起，先生，您所需要的伴侣过于完美了，您去天上走一遭吧。

虽然只是一个笑话，但是说明了一个道理：世界上没有十全十美的人，也没有十全十美的事，过分追求完美只会遗憾而归。很多人是天生的梦想家，当梦想碰到现实的时候，总会让人感到失望和沮丧。

不要追求完美，世界上没有绝对完美的艺术品，更没有绝对完美的人，过于追求完美，常常会束缚自己，就像常把梦幻带到现实中的人，经常会感到失望和沮丧，不要说完美是尽善尽美，其实完美并非真的完美，即使上帝也做不到完美，如果这一切真的完美，世上怎会有那么多不公平？古语云：水至清则无鱼，人至察则无徒。生而为人，我们总是希望自己不犯错误，把任何一件事情都做得完美无瑕。我们害怕犯错，一旦犯了错，就常常责怪自己。在精神与肉体上都承受着极大的折磨。其实，何必这样呢？心宽些，换一种心态，或许就是另一片天地。

一个人的伟大，在于他尝试着去做一个伟人。如果你要求自己永不犯错，就没有尝试做伟人的机会。这种荒谬的要求，将使你自己陷于孤立与虚无之中。人类真正的伟大，在于犯了过错之后能超越这种过错。我们都可能犯错，但我们都有能力去超越过错。具备超越痛苦的能力，就是在肉体上、在心智上、在精神上成功的开始。

感谢上帝为我们制造了过错、谬误、不幸和缺失。它们使我们有机会去做我们自己的事情，有机会去发觉我们真正的价值，有机会去了解我们真正的自我。请记住一位名人所说的："圣人不祈求永不犯错；他们相信人类最大的美德，在于知过能改。"

惧怕失败是我们的一种强大恐惧心理，从孩童时期别人就向你灌输这种恐惧感，而这种恐惧往往将终身陪伴着你。你或许会惊奇地得知，世界上并不存在失败。所谓失败，只不过是别人对你应该如何做某件事的看法。所以，一旦你相信没有必要事事都按别人的意图去做，你也就不会失败了。

然而，有时你根据自己的标准也未能完成某项具体工作。在这种情况下，关键是不要将这件事与你的自我价值等同起来。你在某一具体事情中的失败并不等于你作为一个人都失败了，你只不过是在某一具体时刻中未能成功地进行某一具体尝试而已。

希望取得成功的原因来自我们文化传统中的4个字，你成千上万次地听到并使用的这4个字——"尽力做好"！这就是渴望取得成功这一心理的根源所在。在你的生活中，为什么不能仅仅去做一些事情，而并不“尽力做好”呢?“尽力做好”这种误区心理会使你既不能尝试新的活动，也不能欣赏目前的活动。

12岁应该是个叛逆的年龄，但是对于12岁的蓝心来说却不是这样的，在她的生活里就3件事，学习、吃饭、睡觉。她想的就是一次要比一次进步、一次要比一次成功。她是个标准的全优生，自踏进校门以来就一直如此。她每天花大量的时间拼命读书、做作业，很少和同学们在一起玩，也很少交流。对于她来说真的就是为了学习而学习。就这样，3年过后，蓝心升入高中，高中的学习要比初中繁重很多，蓝心依旧过着像学习机器一样的生活。生活中除了学习就是学习，因为这个时候，她发现自己和别人交流起来有了困难，特别是和男孩子，一和男孩说话就会僵住、脸红。蓝心一心想做一个成功的学生，并因此而忽略了全面发展。

就这样，蓝心进入了大学，在大学，蓝心听从了父母的意见，她一向都是很顺从父母的，选择了心理学专业，其实父母让她读这个专业是有原因的，因为他们发现自己的女儿在与人的交往中有点麻木。他们希望她能通过在大学的学习生活中改变一下自己。就这样，蓝心开始意识到自己的情感，她用学习课程的顽强精神来学习新的思维方法。

蓝心升入大二以后，父母发现了蓝心的变化，蓝心和他们开始有说不完的话题，这在以前是很少有的。蓝心甚至还报了舞蹈班，在学校的活动中还得了奖，她把奖杯拿回了家。父母知道这是件大好事，这说明他们的女儿在其他方面开始有所用心，说明她在全面发展，于是他们决定带她到饭馆里好好庆贺一番。

事事追求完善、都要拼命做好，这会使你陷入瘫痪。不要让尽善尽美主义妨碍你参加愉快的活动，而仅仅成为一个旁观者。你可以试着将“尽力做好”改成“去做”。

尽善尽美主义意味着惰性。如果你为自己制订尽善尽美的标准，那么你便不会去尝试任何事情，也不会有多大作为，因为尽善尽美这一概念并不适用于人，但你作为一个人，不必以这个标准来衡量自己的行为。

如果你将自己的价值与成败等同起来，必然感到自己是毫无价值的。想一想托马斯·爱迪生，如果他以某项工作的成败来衡量他的自我价值，那么他在第一次试验失败之后就会认输，就会宣布自己是个失败的探索者，并停止用电灯照亮世界的努力。然而他并没有认输。失败是成功之母，它可以激励人们去努力、去探索。如果失败指出了成功的方向，人们甚至可将其视为成功。

其实，在做任何一件事情时，只要我们抱着“没有最好，但有更好”的态度，用心去做事，只要在原来的基础上有所进步，就值得我们满足和高兴。对于那些缺憾，我们只要把它当做教训，引以为戒，并以此来激发下一步的行动，完全不必把它过于放在心上。生活中，真正给我们教益的是那些曾有的失败、曾经的不完美。要想轻松地生活，就不要苛求生活。完美是一种理想境界，我们可以接近完美，但不可能达到完美。把心放宽，卸下你“完美”的负担，你会生活得更轻松。

为自己的独一无二喝彩

你可能其貌不扬，却很健谈，会用语言给别人带去快乐；你可能木讷笨拙，却很温和，会让人如沐春风；你可能孤僻孤行，却很冷静，可以给朋友排忧解难。每个人都有自己的优点，或美丽、或幽默、或温柔、或睿智，坚守自己独特的美丽，才能让梦想开花。

有个出租车司机的女儿名叫卡丝·黛莉，她从小就梦想当一名歌星，不幸的是她长了一张阔嘴和一口龅牙。第一次公开演唱的时候，为了显得有魅力，她一直竭力用上唇盖住自己的龅牙，看起来相当滑稽可笑。她失败了。

但是有个人听了她的演唱之后，认为她很有天赋，并且坦率地告诉她：“我看了你的表演，知道你想掩饰什么，你不喜欢你那口牙齿。其实这又有什么呢？龅牙并没有过错，为什么要掩饰呢？张开你的嘴，只要你自己不引以为耻，观众就会喜欢你的。何况这牙齿说不定会带给你好运呢！”

卡丝·黛莉接受了这个人的建议，不再去想自己的牙齿。从此，她演出时关心的只有观众，开怀尽情地演唱，最后终于成了一个著名的歌星。

这是一个人人渴求成功的时代。然而，有些人总是很容易让一些无谓的自我小缺陷蒙住了智慧的光芒和生命的欢乐，从而阻碍了成功的脚步。认识不到自己独一无二的地位，不敢做真实的自己，成了很多现代人失败和疲惫的根源。做回自己、扮演自己、实践自己，你是独一无二的，你的价值永远不能被否定，除非你自己否定自己，永远不要忘记这一点。

每个人都是独特的，有自己特定的优点和不足，但我们从来不是别人的从属和附庸，只有真实地生活在自己的世界里，我们才能找到自己幸福的人生。生活中有很多种快乐，但有一种快乐能够让人终生难忘，那就是得到真诚的鼓励和真正的欣赏。鼓励和欣赏可以帮助一个人战胜自我、获得自信，从而更加勇敢地面对生活。

世界上伟大的推销员乔·吉拉德在衣服上通常都会佩戴一个金色的“1”字。有人曾经问他：“这个字是不是表示自己是世界上最为伟大的推销员？”他回答说：“不是的。因为我是我生命中最为伟大的！”

乔·吉拉德一直认为，这个世界上没有人会比自身更为伟大，自己就是自己最大的财富。我的声音与气息都是与众不同的。其实，他的这种自我肯定的坚定信念来源于他的生活经历。

在乔·吉拉德35岁的时候，他还是一个彻头彻尾的穷光蛋，他甚至连自己的妻子与孩子的生活问题都很难解决。但是，偶然的一次演讲会却改变了他的命运。

在演讲会上，一个演讲者拿出一张崭新的10美元钞票，向坐在前排的乔·吉拉德问道：“你想得到这10元钱吗？”乔·吉拉德当即就举起了手臂说：“想要！”

演讲者又说：“我会将这10元钱给你的。但是在给你之前我一定要将之弄一下。”说着，演讲者就把那张钞票揉皱了，接着问乔·吉拉德：“你还想要吗？”

乔·吉拉德又一次高高地举起了手臂，并坚定地说道：“要！”

“好吧，”演讲者继续道，“我要是这样弄它呢？”当演讲者将那张钞票丢到地上，用脚使劲地踩过后，将它再次捡起来时，它已经变得又皱又脏了。

“现在你还要吗？”演讲者又问他。乔·吉拉德仍然坚定地举起了自己的手臂，大声地说:“要!”

“好啦,不管我如何虐待这张钞票,你仍然还想要。因为你也知道它虽然表面上看上去很惨,便是它的价值却没有减损,它依然还值10元!”演讲者对他说。

乔·吉拉德当即就明白了,充分认识到了“自己”这个最大的宝库,从此开始,他就不停地向成功靠近,最终成为“世界上最伟大的推销员”。

相信自己,每个人都有令人注目的一面,这与美丑无关。学会寻找自己的闪光点,将它放大,并勇敢地大声地告诉自己——我是最棒的。

同样,在生活中,由于我们一时的决断失误或是环境的影响,我们会多次地摔倒、被击垮甚至被摔得粉碎。这时候,我们可能会灰心丧气,可能会顿时觉得自己一文不值,但是实际上,无论在自己身上发生了什么事情,我们都从来没有失去自身的价值。只要勇于肯定自己,以坚定而乐观的态度去面对一切的困难险阻,那么,你的内心便会再次充满梦想,便能再次创造巨大的辉煌。

漫漫人生长路,只有肯定自己才能使生命更显完美。所以,在生活中,当我们面临巨大的苦难与挑战时,一定要肯定自己的价值,然后才能发出钻石的光芒。一旦摆脱困境之后,你就能深刻地体会到一种“闲看庭前花开花落”的荣辱不惊的悠闲,那一种“漫随天外云卷云舒”的轻松,才能让生命在自由的空间中无拘无束地游弋。

学会宽容自己

生活就像一条河流,每一个飞溅起的浪花,就是生活中的小失误。无论浪花激起得有多高,最终它还是将回到河流,不留下一点痕迹,我们又何必对自己耿耿于怀呢?

华子和阿秋是工作上的最佳搭档。一天,两个人一起制作某歌手的MV,阿秋负责整理素材，而华子进行剪辑。任务完成一半的时候却发生了意外，阿秋不小心将电源插座踢开了。顿时，两个人的电脑黑了下来。这意味着之前的工作全部白费，必须从头再来。

阿秋手忙脚乱，紧张地说："我……我不是故意的……"华子看见阿秋的脸色很差，急忙说："没事的，咱们再来一遍就好了。毕竟已经做过了一遍，很快就会再赶回来的。别担心了，这种事情很正常的，谁没遇到过意外啊！"

不过，华子的安慰并没有让阿秋平静下来，嘴里不断地念叨着："都怪我不好……都怪我不好……"见他如此，华子赶紧让他去另外一个屋子休息。

整整几个小时，阿秋都不能原谅自己，甚至还狠狠抽了自己一个巴掌。他明白，自己的失误使进度慢了许多，按时完成工作已经很难。就这样，他一直都处在唉声叹气之中。

到了下午，阿秋的情绪终于有了些许平静，这时他走进工作间，却发现工作已经被华子几乎做完。华子看着他，擦了擦头上的汗，开玩笑地说："你情绪好点了吧？我真怕你为此自杀呢！"

看着华子快乐的表情，阿秋突然感到："我的失误，造成了工作拖延，可是华子没有怪我，还安慰我，而我却责备自己，导致了进度更加缓慢，哎，我这是何苦呢！"想到这里，阿秋终于开朗起来，和华子一起用了不到半个小时的时间，将剩下的工作全部完成。

生活中，我们经常要与他人交流。为了展现出自己美好的形象，我们总是那么亲切、那么有爱心，即使看到对方失误，也会抱着宽容的心态一笑而过。可是如果我们自己犯了错，却会在心里一遍又一遍地自责："为什么我会那么笨？当时要是细心一点就好了。"或是"我真该死，这样的错怎能让它发生？"

为什么我们总会对别人表现出宽容，却不懂得仁慈地对待自己？犯错是每个人的必然，是每个人都会遇到的，人无完人，谁能无过？所以，犯了错，不代表自己就该承受如下地狱般的折磨。否则，我们只能在失落的情绪中越陷越深，将生活搅得一团糟。我们唯一能做的，就是正视这种错误的存在，在错误中学习，以确保未来不会发生同样的憾事，从而继续前进。

一天，斯蒂芬找了一家垃圾搬运服务公司，委托他们在今后帮助自己倒垃圾。双方谈得很顺利，最后在愉快的气氛中签约。不过，该公司也提出了一个要求，那就是请消费者将自己家的地址记在垃圾箱上。

斯蒂芬认为，这是件很容易的事情，于是他买了一罐白色的油漆，在一个棕色的垃圾箱上喷上了自己家的地址。然后，他把垃圾箱放在自己汽车的后面，开到路的尽头并把它放在适当的地方。

当这一切结束后，斯蒂芬开车回到了家里。正在停车时，突然发现，一些白油漆粘在了坐椅的后面。斯蒂芬有些不高兴，于是努力想去掉这些油漆，但这时它们已牢牢地粘上了，无论如何使劲也无法将它们擦除。

接下来的几天，斯蒂芬总会注意到这一片油漆，心里非常别扭，总抱怨当时为什么那么笨。每当这个时候，他的脑海里还会出现这样的声音："为什么你当时没有注意到这个错误？要是早点擦除的话，现在什么事情都没有。可是，因为你的不小心，你毁了汽车座位，这一切只能由你自己承担！"

这件事，困扰了斯蒂芬很多天。每天，他都会将自己臭骂一顿。后来有一天，他陪一位朋友到当地的五金商店去买一些涂料。在一个架子上他发现了一个写着"消除错误"的小罐子——一种可去掉油漆和其他难以去除的污渍去除剂。

这真让斯蒂芬兴奋异常，于是急忙买了一罐。回到家后，他赶紧按照说明清洗着那些困扰他的污渍。令他高兴的是，污渍立刻就不见了。

看着崭新的汽车，斯蒂芬突然意识到：其实那件事根本没有想象中的严重，任何罪过都是可宽恕的，任何过失都不应该总是对它们耿耿于怀。否则，自己永远都会怪罪自己，永远不知道什么是快乐。

遇到生活中的麻烦小事，我们是应该纠结不放，还是应该大度地忘记？很显然，我们的选择自然是后者。然而在现实生活中，我们真的能做到吗？我们总能看到这样的场景：盘子碎了，自己一遍遍念叨"我怎么那么笨！"工作失误，我们对着镜子说些"自己真是个废物！"的话；自行车丢了，我们难过得几天不吃饭，总强调"自己忘了上锁，这一切都怪自己！"……甚至，我们会因为指甲没剪好就对自己大发雷霆。

人在一生中势必会遇到各种各样的麻烦，其中有一些的确是自己造成的。可是，如果我们对每一件都深深地自责，一辈子都背着一大袋的罪恶感生活，我们还能奢望自己快乐吗？

人生的路途中总有顺风之时，亦有逆风之时。不过无论怎样，我们都必须前进。而宽容自己的失误，才能把犯错与自责的逆风化为成功的推力。要明白，没有人能够十全十美，接受自己的优点，也接受自己的缺点，这才能保持心态上的平衡。

还有的人，看到自己的性格有些缺点，就认为自己是邪恶的、难成大器的，因此一蹶不振。其实，我们应当懂得，少许的性格缺点并不能说明我们就是不受欢迎的人，更不是我们痛苦的理由。只有学会适当地宽容自己，我们才能保持内心的平静。

在现实生活中，人会有各种各样的心境、冲动、品性、情感，我们应该为之高兴。史蒂文森曾经说过："世界是如此的丰富多彩，我们就像国王般幸福快乐。"这句话虽然带着孩子般的天真烂漫，但如果采取前述的态度理解这句话，我们便可以充分领会到这句话的深刻内涵。

懂得欣赏自己

生命的光辉和荣耀永远都照耀在身上暂不完美的那一点上，那是你的独特之处，也正是你的魅力所在。不完美又怎样？只要敢于做自己，就可以成为一个魅力无穷的人。

孔雀来到天后赫拉的面前，它抱怨自己的嗓音沙哑难听："您看，夜莺的歌声总是可以深深地打动人心，得到众人的喜爱。可是我一开口，群鸟就会嘲笑我，这太不公平了！"

天后赫拉听到孔雀的这一番话后，安慰它说："你的嗓音不好，但你的身姿与容貌却是出类拔萃的，别忘了你在开屏的时候羽毛有多么的华丽富贵、多么的光彩照人，人们也把孔雀开屏称之为一大美景呢！"

孔雀依然不满意："既然我的歌声不如他人，这种无言的美丽对我而言又有什么用呢？"

赫拉有点儿不高兴了，它斥责孔雀："每个人都有自己的命运，这是命运之神安排的。她安排了你的美丽，夜莺的歌唱，也安排了老鹰的力量和乌鸦的凶兆。所有的鸟类都应当对神赋予它们的东西感到满意。"

面对天后的斥责，孔雀止住了自己的抱怨。

世界上的任何事物都不可能十全十美，任何人都有着专属于自己的精彩。孔雀的美丽是令人艳羡的，而它却不停地抱怨自己没有美丽的歌喉，忽略了自己拥有的东西。现实生活中，很多人也在重复着孔雀的抱怨。

一个人如果想获得真正的成功和自由，就必须植根于自己的独特个性。忽视自己的个性或故意抹杀自己的个性，终将一事无成。因此，千万不要亦步亦趋地效仿别人，掩饰自己、舍弃自己。在前进的道路上，无论发生了什么事情或者将要发生什么，请记住一点：我们从来不会失去自己作为一个人的价值，没有什么能够拿走它。

懂得欣赏自己是一个人奋发向上、继续努力的无穷动力。人常说：求人不如求己。因此，最简单的让自己快乐起来的方法就是学会自我欣赏，适当地自我宽容、自我鼓励，从点点滴滴的自我完善中获得快乐。欣赏自己的人是自信的人，欣赏自己的人总是带着同样欣赏的目光去欣赏别人，只是欣赏，而不是崇拜或者羡慕。于是，很容易使别人的优点变成自己的优点。欣赏自己的人也是更会学习的人。美国著名的音乐家麦克约瑟说："你与自己的心交流，要赞美它，让它感到你对它的赏识，那时候它才向你释放灵感。"是的，我们只有欣赏自己，才能充分发挥自己的潜能。与其站在那里眺望别人的背影，不如坐下来静静地想一想自己走过的每一个坚实的脚印，只要努力寻找，就会发现自己的生活中亦有许多值得骄傲的地方。

欣赏自己，不是鄙视别人的狂妄自大，而是源于对自己生命的珍视和热爱；欣赏自己，不是让自己成为"井底之蛙"，不见更广阔的天空，而是让自己抛弃浮躁后更成熟地走向远方。

一位父亲心情不好时，喜欢在阳台上摆弄他的几株花；儿子心情不好时，则喜欢到阳台上欣赏父亲的花。父亲说，在浇花松土、除草施肥的过程中可以得到最好的享受，儿子却认为赏花才是最好的感受。一天，父亲的实验项目被人换了，他沮丧了好几天，闲时就到阳台上种花，儿子心疼父亲，到阳台看他。父亲凝视着花盆里的一株小草，一动也不动。

“爸爸，为什么不把它拔了？”儿子问。父亲说：“它太嫩了，拔了可惜呀！”儿子觉得好笑，说：“一株草有什么可惜的？”

“爸爸，你欣赏这草？”儿子同时又觉得惊诧。

父亲突然回过头来说：“不，我是在欣赏我自己。”

“啊！”儿子不禁一愣，一向书生气十足的父亲，说这句话时竟有几分儒雅以外的严厉和坚定。

父亲忽然缓缓地说：“我欣赏我自己，因为我和这株小草一样坚韧不屈。你看，这花盆里净是些用来固定花苗的瓦砾，小草居然硬是从瓦砾间钻了出来。我也是这样，我的实验项目被人换掉了，但我昨天又递交了参加实验的申请书，我要参加这次我并不拿手的实验，想看看自己的能力。仅这一点，就值得自我欣赏。”父亲顿了一下，爱怜地问儿子，“孩子，你欣赏你自己吗？”

儿子又愣住了，欣赏自己，这是何等高深的话题呀。

父亲见他没回答，笑着对他说：“欣赏自己，就要发现自己的闪光点，要自信、要乐观。你已经是大人了，应该明白了。”父亲的话很深沉，但儿子听得很入耳，他知道父亲正用深深的父爱浇铸着他的品格、性格和人格。

学会欣赏自己、包容自己，就是要学会欣赏自己的开朗自信、欣赏自己的聪慧大方、欣赏自己的平凡普通、欣赏自己的独一无二。生活中，或许有不少人会值得自己欣赏，但是最应该欣赏的还是自己。

的确，每个人都是独一无二的。这个独特的“自己”既有优点，也有不足。一个人只有充分地自我接纳，懂得欣赏自己、包容自己，才能自信地与人交往、出色地发挥自己的才能和潜力。假如一个人不懂得欣赏自己、包容自己，总是以怀疑的、否定的态度看待自己，就有可能限制甚至扼杀自己的创造力。事实上，在我们的身边因为自卑自怜、自暴自弃等各种心理原因而造成的悲剧事例已经太多，不但给家人造成痛苦，而且给社会造成损失。当然，就更别说怎样赢得别人的欣赏和肯定了。

欣赏自己并不是傲视一切的孤芳自赏，也不是唯我独尊的狂妄不羁。因为它不需要大动干戈的气势，也不需要改头换面，它只属于一种醒悟，一种面对困难时的自信、一种推动自己向挫折挑战的动力。

学会欣赏自己，就是在无人为我们鼓掌的时候，给自己一个鼓励；在无人为我们拭泪的时候，给自己一些安慰；在我们自惭形秽的时候，给自己一片空间、一份自信。然后抖落昨日的疲惫与无奈，抚去昨日的伤痛和泪水，去迎接明天崭新的朝阳……只有学会自我欣赏、自我品评，学会在无人喝彩时能照样前行，而且行得更好，才能肯定自己、相信自己、欣赏自己，让自己体会到属于自己的那份幸福。

学会欣赏自己，你会发现生活是如此美好；欣赏自己，你会感受到命运的公正无私；欣赏自己，你会体味前进中的幸福快乐；欣赏自己，你会把握好自己的人生；欣赏自己，你定会抵达成功的彼岸。

随性生活，淡然处世

经常让自己保持优雅的姿态、不俗的气质、温柔的谈吐，总是为自己制订过高的理想标准，或为一个自认为不优雅的姿态紧张焦虑，都是在折磨自己的内心，懂得随性，才能获得快乐。

有一只小猫，不停地绕着自己的尾巴转圈，精疲力竭地躺在地上喘气。

一只大猫走过，询问它发生了什么事，小猫说："主人告诉我，假若我可以追到自己的尾巴，我便能永远得到幸福和快乐，所以我才不停地追逐自己的尾巴，以致筋疲力竭。"

大猫叹了一口气说："我在年轻的时候，也听过主人说过同样的话，所以，当初我也与你一样为了追到自己尾巴而把自己搞得筋疲力竭，而从来没有感到快乐和幸福，后来我放弃了。当我随性生活的时候，才发觉幸福和快乐原来就在后面跟随着我！"

在生活中，并非每个人都是幸运的，也并非每个人的每个愿意都能得到满足，得到了这样还想要那样，但如果命中无此福，我们又何必去苦苦苛求呢？要知道外表再好不过是皮肉而已，老了还是长满皱纹；财富再多，不过是身外之物，死了还是空有躯壳，心灵磨灭了，就什么都不存在了。所以，我们要爱护自己的内心世界，不要因为苛求得到太多而故意去折磨自己的心灵。

幸福和快乐不是刻意去追求才能得到的，它其实就在我们的周围，在我们的内心深处，只有随性而为，便能够感受得到。

随性而为是顺从于心灵的一种简单的、自由的生活，心里想怎么样，就怎么样去做，就像小草自然地发芽、生长一样；就像小鸟在天空中自由地飞翔一样，不用受尘世的任何束缚和约束。不必为了得到别人的赞美而去故意做作，不必为了满足内心的物欲而给自己的心灵套上枷锁，不必为了显示自己的威严而在孩子面前故做严肃、深沉……它是一种完全根据本我的需求去支配自己行为的一种生活方式。

有一天，小强与爸爸到后院中玩耍，发现后院里的草地有一部分枯黄。小强就对爸爸说："爸爸，快撒些草籽吧，这草地太难看了。"

"不着急，什么时候有空了，我就去买一些，草籽什么时候都能撒。"爸爸答道。

冬天过去后，爸爸把草籽买了回来，交给小强说："去吧，把草籽撒在地上。"起风了，那些草籽被风吹得满地都是，小强很是着急："不好，许多草籽都被吹走了！"

爸爸说："没关系，吹走的多半是空的，撒下了也发不了芽，担什么心呢？随性！"

就在这时候，一群小鸟飞来了，又把刚刚撒在地上的草籽吃了，小强惊慌地跟爸爸说："不好了，草籽都被小鸟吃了！"

爸爸又说："没关系，草籽多，小鸟是吃不玩的，你就放心吧，过不了多久，这里一定有小草！"

小强为爸爸的回答很不满意，晚上睡在床上想，那些草能不能活下去呢？一会儿，又听到外面响起了雷声，一会儿就下起了大雨，他的内心更急了，暗暗担心自己种了一天的草籽到最后什么也没有了。

第二天早上，他来到院子里一看，果然地上没有一颗草籽了，他连忙冲进爸爸的房里："爸爸，昨晚下了一场大雨，把地上的草籽都冲走了，怎么办啊？"

爸爸不慌不忙地说："不用着急，草籽被冲到哪里就在哪里发芽。随缘吧！"

不久，许多青翠的草苗果然破土而出，原来没有撒到的一些角落里居然也长出了许多青翠的小草。

小强高兴地对爸爸说："太好了，我种的草长出来了！"

爸爸点点头说："随喜！"

小草有小草的生命规则，只要有水有土的地方就能发芽，只要你撒下了草籽就不必担心小草不能发芽，我们的生活也要随性而为，不必刻意强求，如果你过于担心，只会影响你的生活与工作。任何事情都有其规律，与其百般思量，不如随性而为，这样才更容易让我们感受到生活的乐趣与意义。

下岗了不必烦恼，再找一条出路，说不定就可以让你结束打工生涯，走上创业之路；有病了不要伤心，如果乐观相对，心情好了，病痛自然也就减轻；没有钱也不用担心，有双手与大脑这两样东西，你还怕什么？烦恼只会让你更添愁，伤心只会让你更加劳累，害怕只会让你走入地狱。

随性生活是一种坦然的生活，是一种乐观的生活。在物欲繁杂的现代社会中，它更重要的体现的是一种心境、一种精神、一种对生活的态度、一种至高的生存追求。随性生活，才能使我们放宽心思，才能欣赏到生命的真正精彩的部分，才能活出真色彩。

上天既然给了我们生命，我们就应该活出它的价值，而随性生活，就是顺着自己的心意去探寻生命的轨迹，不必去计较一时的得失，不必去在意那些身外之物，这样才能让自己切实地活出真正的自我，才能体现出自我的真正价值。

第3章

能享受孤寂，才能拥抱人群 淡然的人生不寂寞

在人生的旅途中，寂寞是生活最常有的姿态。有人说，人最怕的是孤独，最难耐的是寂寞，最不易坚守的是内心，蚕蛹化茧成蝶，梅花傲霜独立，都是在寂寞的等待和内心的坚守中实现的。

寂寞不是人生最精彩的一部分，但是它却成就了精彩，所以，它是人生中不能轻易忽略的那一页。

拒绝诱惑、耐住寂寞，才能恪守心中的净土

寂寞是人生的一种历练，拥有自信和从容素质的人才不会被浮躁的世俗左右，才能够在寂寞中坚守自我，收获冷静和智慧，完满自己的人生。

杰克在银行找到一份出纳的工作。有一天，杰克正在数钱，恰在此时，银行老板来了，便问他："你手中数的是什么？"杰克很奇怪，但还是很老实地回答说："是钱。"

过了一段时间，他在数钱的时候，老板又问他："你手中数的是什么？"他还是如实说道："是钱。"

时光飞逝，转眼间，杰克已经在银行工作快一年了，这天，老板又问他："你手中数的还是钱吗？"这次，杰克却说："不，这不是钱，这是我的工作。"

老板听完会心地笑了，对他说："你的眼睛里已经没有钱了，我可以放心地去度假了。"

白雪公主的故事大家一定都不陌生，诱惑就像恶毒王后手里的苹果，美丽却有毒。面对这样的诱惑，稍不慎重，就有可能像白雪公主那样走进别人设计的圈套。现实生活中的我们却没有白雪公主那么幸运，利令智昏，就会一失足成千古恨。所以，我们只有坚定地拒绝诱惑，朝着正确的目标前进，不受外界的干扰和影响，才能守住内心的纯净。正如杰克，当眼里没有了钱，只有工作的时候，才能在五彩缤纷的诱惑中、光怪陆离的陷阱前守住心中的那片净土，成为一个值得信任的人。

也许你会说你只是一个普通人，不会面对那么多诱惑，但在这个物欲横流的社会中，利益诱惑布满在人生的路上。特别是你正处在寂寞的低谷中时，更容易受到利益的诱惑，有的诱惑虽然能满足你当前的需要，但却会妨碍你达到更大的成功或

长久的幸福。因此，请你屏神静气、站稳立场，耐得住寂寞，守住自己的内心。只有这样，才能走得更远。

成功人士最重要的品质就是耐得住寂寞。当所有人都不甘寂寞，凭着一时的激情热血前行的时候，他可以不为所动，不管局势如何动荡，他依然能够步履从容；当所有人都放弃原则，不择手段去追逐利益的时候，他能举世皆浊，为我独清地舍弃眼前利益，寂寞地坚守；当大家都随潮而退的时候，他仍然坚信黑夜只是暂时的，凭借着信心和毅力在孤独中坚持、再坚持，直到黎明的来临。耐得住寂寞既需要超人的忍耐力，还需要恪守自己的原则和信念，更需要拒绝诱惑，这样才能真正地成长起来。

住在西西里岛附近海域塞壬岛的塞壬女妖，长着鹰一样的翅膀，她在这里日日夜夜唱着动人的魔歌，用以引诱从这里路过的船只。

奥德修斯曾经是特洛伊战争中的英雄，他也曾路过塞壬女妖居住的海岛。他听说女妖善于用美妙的歌声勾人魂魄，而登上海岛的人就会死亡。为了抵制女妖的歌声诱惑，奥德修斯嘱咐同伴们用腊封住耳朵。而他却很好奇女妖的声音到底有多美，于是没有塞住耳朵，为了防止自己失去控制登上岛屿，他让同伴们把自己绑在桅杆上，并告诉他们无论自己怎么央求，都不要在中途给他松绑。

果然，当船路过塞壬女妖居住的岛屿之时，奥德修斯看到几个衣着华丽的美女唱着动听的歌谣翩翩而来，她们的声音如莺歌燕啼，婉转跌宕、动人心弦。听着这美妙的歌声，奥德修斯心中顿时燃起熊熊烈火，他急于奔向她们，大声喊着让同伴们放他下来。但同伴们只顾着奋力地向前划船，根本听不见他在说什么。

有一个同伴看到了他的挣扎，知道他此刻正在遭受着诱惑的煎熬，于是走上前，不理会他哀求的神情，反而把他绑得更紧。就这样，奥德修斯经过很长时间的内心煎熬，终于和同伴们顺利通过了女妖居住的海岛，回到了朝思暮想的家园。

奥德修斯和他的同伴们正是由于战胜了海岛女妖魔法的诱惑，才终于回到了朝思暮想的家园。能够恪守自己的一方净土，才能将诱惑拒之门外，得到自己想要的结果。

然而，在现实生活中，利益的诱惑会使人失去理性辨别的能力，会在“再也不能错过时机"的冲动下去追逐诱惑。结果诱惑变成了迷惑，使人迷失了方向，在迷局和乱局中奋勇搏杀，耗尽了体力、精力和智慧，最后在乱阵之中遭受失败。很多人正是因为耐不住寂寞，将自己推到了危险的路上，让自己失去了更多的成功机会。

人们很容易被眼前的诱惑吸引，从而失去自己。例如，吸烟给人的诱惑可以给人带来快感，虽然很多人知道吸烟就是慢性自杀，但很多人抵挡不了一时的诱惑，从而放纵自己。无法守住自己，只能让自己失去健康。那些因为金钱、美色而失足的例子就更多了。落马的腐败官员，曾经是何等显赫风光，就因为沉浸于灯红酒绿，只能落个身败名裂的下场，而在接受审查时自己又是满脸的失落与懊悔。诱惑能满足你一时的需要，但终会妨碍人取得更大的成功和长久的幸福。

每个人都要看清诱惑就在身边，对诱惑多一分抵抗力。守得住自身，虽然失去了一时的"利益"，但守住了更多的收获。我们需要控制力来同诱惑抗衡，来克制自己的欲望。一位作家说："其实人与人都很相似，不同的就那么一点点。"这一点点，在相当程度上，就是一种自我克制的能力。正是由于对自我欲念的调控，才显现出人性的高贵与光辉。只有克制冲动才能完善人格，才能让自己走得更远。

独处，聆听自己的心灵深处

借用孤独的光景，你可以审视自己的心与形，判断自己的昨天与今天。在独处中自安，才能更好地聆听自己心灵的声音，更新自我，让自己得到心灵上的升华。

在很久以前，一个王国的国君把王子送到智者的门下，希望通过智者的教诲，让王子学到足够的智慧成为未来杰出的国王。

当王子到了智者住地时，智者对他说："在我这里你学不到什么东西，我要带你去大森林，在那里你才能成长。你在森林里要待上一年，一年后回到这来，要描述出森林的声音。”

一年过去了，王子回到了智者的住地，开始描述森林的声音。他描绘了杜鹃的声音、流水的声音、树叶的作响，还有一些奇怪的鸟的声音，甚至还有蟋蟀的声音。

智者听后不语。过了一会儿说：“你再回到森林中继续倾听。”王子有些奇怪，“自己不是已经可以辨识出森林里所有的声音了吗？”

王子又回到了森林中，时间一天一天地过去，他在孤独的森林里坐着、听着、思考着。

有一天清晨，正当他在树下默坐，让自己的心神安静时，突然醒悟了。原来这就是森林的声音啊。他静默着，仔细倾听，然后开心地回到了智者的住处。

王子认真地对智者说：“在森林中，当我孤单一个人时，我听到了从未听过的声音，听到了鲜花在开放、积雪在融化、大地在苏醒、小草在喝水……”

智者高兴地听着。王子在独处中找到了真正的声音，发现了智慧。他终于可以做这个国家的国王了。

心灵有家，生命才有路，要学会和大自然独处、和生命独处、和自己独处。学会独处的人，心智才能够成熟；学会独处的人，心胸才能够豁达；学会独处的人，才能领悟到生活的深邃。人的内心是在独处中坚强起来的，只有学会把孤独的时刻安排得井井有条、津津有味，任何的外界事物才难以左右你。独处让你更了解自己的需要，独处让你更清楚自己的价值，独处帮助你用旁观者的眼光看待自己的故事，独处让你更快乐、更加珍惜友谊，独处让你在安静中体味生活，独处让你……在人生路上，很多时候是要一个人走的，有时是自愿，有时是无奈。但无论如何，学会独处都可以让你在最快的时间内找到生活的乐趣。

每个人都在追求幸福，并固执地以为：幸福就是要分享，就是要与朋友、家人、爱人在一起，否则，幸福一定会与自己绝缘。然而，幸福在每个阶段、每种状态下都是不一样的，究竟什么是幸福，在这个世界上没有一个确切的答案。

所以，当我们一个人生活时，为什么就不能得到幸福呢？所谓幸福，其实就是一种内心的满足感，它与别人无关，与热闹无关，只能由你的内心决定。一个不快乐的人，即使身边全是朋友，他也感受不到幸福；而一个孤独的人，却能在生活中找到属于自己的欢乐，那么，他就是幸福的。

所以，总是面带愁容的我们，总是感到孤独的我们，不要因为一个人的生活，就对自己失望，活在沮丧之中。其实，幸福正藏在你的抽屉里、你的鞋帽间、你的CD中、你的文字里。努力地用心去体会、去感受生活中的点点滴滴，打造一个属于自己的天堂，这样，你就可以找到它。

王超从小是个苦孩子，后来经过自己不断努力，终于成为了一个事业有成的企业家。不过，他一直没有结婚，当别人问他这是为什么，他总是说："我一个人很幸福啊！"

王超这么说，不是没有道理的。每天下班回家，他总是吃完饭后一个人下楼散步。那个时候，已经是晚上9点，路上的车辆已经很少，相比喧嚣的闹市区，这个远离市中心的小区算得上是个安静的处所。王超很喜欢这里，他觉得，这个小区就像自己一样，表面孤独却内心丰富，看似平淡却蕴含快乐。

王超散步时，总会不时地仰望天空，看着那闪烁的星星，还有几家亮着灯的屋子，听着孩子们的欢笑声、打闹声。走进小区的花园里，他更是来到了一个人的世界。这里人很少，他慢慢地踱着方步，感受着轻柔的凉风，偶尔能听到蟋蟀的鸣叫声。

这些细小的声音，让王超的心里感到了一阵暖意，小时候的画面一幅幅展现在了眼前。寂静、清风、蟋蟀的鸣叫声，熟悉的环境，让他勾起对遥远故乡的思念，想到了慈祥的双亲。于是，他不由得轻轻哼起了家乡的歌曲——《蓝色的故乡》、《我从草原来》……唱到忘情之时，他还手舞足蹈起来。黑的夜、凉的风、淡然的自己，此时王超忽然有种超然脱俗的感觉。

当然，王超的一些朋友可不同意他一直这样，总是想给他介绍一个女朋友。不过这一切都被王超回绝了，他说："你看，我现在衣食住行充足、心情愉快、身体健康。不同的人从不同的角度有不同的看法，从我的角度看，这些我现在都有，所以我淡然，所以我开心。一个人的生活，我觉得很幸福，你们不必为我担心！"

王超一个人的幸福，也许他的朋友们都不会理解。其实，我们何尝也不是那样？生活在人如潮涌般的城市里，很多时候，我们感觉一个人生活，就如同在荒漠上行走般寂寞，所以在内心里都存在着些许漠然和忧郁。可是，为什么王超却能感受幸福？就是因为我们忽略了一个人生活，也会给我们带来另一种美好。

其实，一个人的幸福很简单。比如，当你休息的时候，你可以聆听喜欢的音乐。这些种类各异的音乐，时而轻柔，时而神秘，伴随着你整理房间。这个时候，你从衣柜里寻找到了惊喜：你的每件衣服都有太阳的味道，你喜欢看着它们沐浴阳光的样子。

你还可以给花花草草们浇些水，然后翻出笔记本，开始整理近期的记录信息。这时你发现，原来这段时间得到了这么多收获。累了，你还可以做些独创的烹饪，自得其乐。当灵感来袭，你还可以打开电脑，写一首小诗，这不正是生活的幸福吗？

学会在独处中自安

当我们独处的时候，眼中所有的人和事都会变成心中的一道风景，学会温情柔软地与之对话，看它呈现、听它诉说，让它成为你人生中的知己，有无尽的话语可以对它绵绵细说，有无穷的情谊可以向它倾诉。你会发现，原来自己并不孤单。

有一个不甘寂寞的人，总是不愿一个人待着。所以，他不断地寻找朋友，希望通过和别人交往来驱赶所有的寂寞

就这样，他完全没有自己独立的空间和时间，不是跟朋友一起出去游玩就是一起吃饭，即使是晚上，他也要打电话给朋友，直到睡意来袭才挂上电话。

他的朋友也有这样的疑问：他哪来这么大的精力？难道他不知道每个人都有自己的生活吗？

久而久之，朋友们也对他有所厌倦，渐渐有了远离他、少跟他来往的想法。于是，

在朋友中间，他变得孤单了，他的交际圈也在不断地变小，他变得越来越不快乐了。

曾经有一位哲学家这样说："人生是孤独的，从我们一出生就是如此。在我们还没作出选择、还没做好准备时，我们就被抛在这个世界上了。"

不仅仅是哲学家，其实想想，我们每个人何尝不是孤独的呢？我们活在快节奏的都市之中，行走在熙熙攘攘的人群中，却低头思考自己的人生，这不正是孤独的表现吗？我们耐不住寂寞便走向了人群，可天天与我们擦肩而过的那一个个陌生的面孔，与我们又有什么关系呢？

所以说，人生是注定要独行的。哪怕你的身边有许多朋友，可是内心的真实言语却只有你一个人听得到。人生是孤独的，所以，我们不必害怕孤独，因为我们无路可逃。学会独处，不但可以让我们从繁杂的外部环境、纷扰的人事中抽身而出，回归自我的情态；还可以让我们在孤独中正视自我，不逃避、不急躁，平和地体验与理解自我，并在孤独之中体会人生的快乐。

斯维尔乘坐的飞机遭遇空难，在某个人烟罕至的森林中坠落了。几个月过去了，救援组依旧没有找到幸存人员，决定放弃救援行动。然而就在这个时候，一个救援成员发现了斯维尔。斯维尔衣着破烂，但是，他的精神状态却很好，这令所有人大吃一惊。

一番治疗后，斯维尔接受了警察的询问。警察问他："斯维尔先生，请问，现在还有幸存的人吗？"

斯维尔说："刚坠机的时候，还有几个人，可是现在……"

警察大惊，问："那你是怎么活下来的？据我所知，那片森林没有任何人居住。就算你找到了食物，可是内心的孤独也会摧毁一个人的。"

这时候，斯维尔走到窗户边，叹了口气，说："不错。当时，幸存的只有5个人，可是活下来的感觉也许并不比死亡好多少。一个小时前还有说有笑的人们，此刻都成了冰冷的尸体，没几个人能接受这样的事实。孤独感包围着我们，我们就像是被上帝抛弃的孩子，就这样，那4个人在忧愁中发疯了，最终无法抵御孤独，就这么一个个死去了。"

警察说："那你……"

"我？"斯维尔笑了笑，"看着他们死去，我当然更加孤独了，甚至有了自杀的冲动。可是有一天早上，我看见了一只可爱的松鼠，它独自一个人在森林里，却显得非常快乐，总是左蹦右跳。后来，我又见过孤独的蛇、孤独的蝴蝶，它们不都健康地活着吗？看着它们，我终于明白，其实人生就是孤独的。顿时，我有了活下去的希望。我一边朝森林的外部走，一边狩猎。在这个过程中，我体会到了什么叫做心静如水。我这才感觉到，其实孤独不可怕，可怕的是心静不下来。那4个死去的幸存者，不就是那个样子吗？”

无论你是达官贵人，还是布衣百姓，在生命的旅程里都是孤独的旅行者。想要活得幸福，就要独自适应这份孤独，需坦然、需探索、需思想、需劳作，而这一切都是挑战自我的过程。要面对自己，不依赖别人，面对困难，要独自克服；面对挫折，要独自承受；面对感情，要独自经历；面对家庭，要独自承担……抛却纵欲与羁绊，所有生活里的一切都要孤独地完成，对别人无所期求，也不指望谁能成为自己的救世主。于是，我们强大、我们坚硬、我们成熟、我们岿然不动地获得了韧性与力量，再也不用害怕风的洗礼、雨的沐栉。

一个经常独处的人，其内心必不贫乏。他对生活的感受与体验力会胜过不常独处者，独处中所累积的自我意识会在言语中释放，说话、写作均列其中。很多人话语贫乏、文字苍白，多半与不会独处有关。独处的奥秘就在于，它能让你直逼自我，以自我审视的方式认识自己、呈现自己。以独立、完整的个性融入大千世界、芸芸众生，你就不容易迷失自我。

孤独并不是什么可怕的事情，它是人生的一道亮丽的风景，是人生最高的意境，更是一种享受、一种超脱，而这一切都决定着人是否能够发现自己就是一个奇妙的世界。人世间最可怕的，就是不会体验孤独、享受孤独。要知道，表面上看，孤独仿佛是一种折磨，然而，它却可以化作颗颗精神食粮，是通向人生辉煌的必经之路。孤独，能赐予你坚强，能赐予你强大的忍耐力。古今中外，凡成大器者，必以孤独为基调，在表面的孤独下隐含着那灿烂的寄托。

寂寞，是最艳丽的花朵

在人海浮沉之余，我们要为自己留一段空白，留一段云淡风清的寂寞。寂寞是一种幸福、是一种享受，更是一种绝美的心境，是最美的生命之花。

梭罗是美国文学史上一个伟大的作家，他以寂寞而成名。

在17世纪中叶的美国，梭罗为了过自己想过的生活，选择了一片森林，在一个圆木小屋里生活了两年多，留下了传世经典《瓦尔登湖》。

在他的笔下，寂寞的森林充满了美感，瓦尔登湖有一种难得的宁静。这种孤独和寂寞，让梭罗更明白人世的名利和纷争是多么没有价值。寂寞让梭罗体会到了一种难得的美，也让他有了更积极的思考。梭罗认为，寂寞不等于空虚，虽然有时它们看起来很相似。他通过自己的行动、自己的思考，让寂寞照亮了自己，成为那个时代特立独行的人，并得到了后世更多的理解。

寂寞之人并不意味着不被别人接受和理解，也不代表他的生活会落寞。当我们抬头仰望苍穹时，看到那遨游长空的雄鹰，你会觉得，它是孤独的。可是你是否意识到，孤独的雄鹰却拥有整个蓝天？雨果说："孤独是一笔财富。"面对窗前明月，品一杯清茶，看一卷好书，听一曲清幽古乐，任情思神游，让人生少些浮躁和媚俗，多些平静和安详，这不正是一种绝美的心境吗？

寂寞中的人可以寻找到最初想要的本真。通过寂寞，他们可以感受到自己的坚强。当我们学会感受人生的悲喜与无奈，也就更能明白怎样去切换生活的态度。让自己的心灵小憩在寂寞小舟之中，就能享受寂寞、品味寂寞。寂寞不会把一个人淹没，它是一个可以令我们休息的空间、调整的空间。我们可以在那里找回很多久违了的感受，重新找到自己心灵的新起点，找回自己生命中最想要的东西。

其实，寂寞的乐趣人人都可以享受。只要通过后天的学习，我们就能从寂寞中让自己获得更多的发现。寂寞可以让一个脆弱的人学会坚强，也能让一个坚强的人变得更从容自信。经历一番寂寞的洗礼才能让自己拥有更多的不同。

今年才 25 岁的琳达是个成功的艺术家。当她到某大学演讲的时候，面对大学生询问自己是如何成功时，她说了这样一句话：“享受孤独。”顿时，台下一片惊讶。

琳达看着大家的惊讶，平静地说：“在我 16 岁时，我遭遇了一场车祸，父母不幸遇难，我也因此残疾。16 岁到 23 岁，对于一个女孩正是一个黄金时间，然而，就在这个可以尽情地享受着青春的活力、友情的快乐、爱情的甜蜜、生活的美好的重要时间里，我却是一个人孤单地在轮椅上度过的。在这漫长的 7 年中，我曾经抱怨过、伤心过，我把自己封闭起来，不与外界接触，从此我的世界里只有孤独……”

说到这里，琳达平静了一下，继续说道：“然而就是在这份孤单中，我却体会到了人生的真谛。漫长的孤独让我有足够的时间平复心情，平静的心态让我能够冷静地思考。在思考中我明白了很多道理，我重新客观地看待我的人生，我明白了只要活着就是一种幸福，我懂得了珍惜，懂得了知足。这大概就是所谓的‘知止而后能定，定而后能静，静而后能安，安而后能虑，虑而后能得’吧！孤独，给了我静心思考的机会，让我明白了这些道理，在我明白了这些道理以后，我所得到的就是快乐……”

当琳达说完这些时，台下响起了经久不息的掌声。

我们为什么害怕孤独，是因为孤独在我们的眼中就等于人生的失败。提到孤独，每个人都会感到不寒而栗，脑海中还会浮现这样的词语：“形影相吊”、“孑然一身”、“孤芳自赏”等等。这些词语带给自己的，只有一种被遗弃的冰冷之感。

然而，当我们翻看那些名人的成功史，就能发现孤独才是成功的催化剂。如果没有孤独，屈原能完成千古绝唱《离骚》吗？如果没有孤独，李白能写下那首“古来圣贤多寂寞”的千古绝句吗？如果没有孤独，约翰·纳什能成为当代数学家吗？

这样的例子，还有很多很多。当这些成功者在体会孤独的时候，总会遐想未来时光，会不断地追求、勤奋地工作、充实地生活，完善生命的不足。现在，你还会说孤独是可怕的吗？

真正的孤独，是一种高尚的修养、是心灵的宁静、是灵魂的洒脱。有的人即使长期孤灯独处，却很充实；有的人即使夜夜狂欢，心里却有无比的寂寞，关键在于你的精神世界是否充盈。

能够享受孤独，你便可以体会到那种绝美的心境，这不是财富、热闹的聚会能带来的。享受孤独，才能懂得生活的本质。正如日本作家川端康成说的那样：“我独自一个人时，我是快乐的。因为我可以孤独着；与人相处时，我发现我是孤独的，只因为我已经变得很快乐！”学会享受孤独的心境，你才能得到生活的真谛。有一天，当你说出“我虽然孤独，但我很快乐”的时候，那么就说明你真的快乐了。

虽然孤独，仍有欢喜

红尘喧嚣，唯有停下匆匆忙忙的脚步，用心倾听、用心领会、用心感动，轻轻地打开自己的心扉，敞开心胸来欣赏自己，才能享受属于自己的那份独有的心情。

一名年轻的女大学生毕业后，来到一所边远小镇的中学教书。第一次上课，面对那么多学生，她一下子紧张起来。心情紧张的她脑海里一片空白，根本不知道该说什么，那节课她讲得一塌糊涂。

遭受这样的失败，她十分沮丧。再想到其他同学都有了很好的工作，而自己孤身一人来到这个边远的小镇做老师，心里更加难过。于是，她整日消沉，在这种浮躁的情绪中整日郁郁寡欢。原本自信的她，也变得胆小、保守起来。

看到她的变化，一个老教师找到她说：“小姑娘，一次失败就让自己失去信心，这不明智啊。我看你并不是教不好书，而是觉得在这里待着憋屈吧。你在课堂上很有亲和力，这些都很好。你可以试试教音乐课，我觉得你肯定能做得更好。”

女大学生这才想到，自己原来不是一直都喜欢音乐吗？为什么不去试试呢？

有了之前的教训，她信心满怀地教起了音乐，大获成功.终于赢得了学生们和同事们的欣赏。

有时，我们需要重新估量自己。当我们觉得自己不行，处在一种糟糕的状态中时，更要学会发现自己、欣赏自己。

多给自己一些参照物，我们才能更好地评判自己。通过端详自己、追问自己，我们就会发现原来自己身上还有其他的闪光点，只是平时没有留意罢了。为什么不去展示这些闪光点呢？当一个人将自己封闭起来时，只会沉浸在自己的世界里，自己给自己做判断。学会敞开心扉，才能从悲观消极、郁郁寡欢中走出来，找到更积极快乐的自己，用绝美的姿态看寂寞之花的衰败。

寂寞并不只是与空虚、孤独等相关联的。真正的寂寞，既不是空虚，也绝非无聊，在它的深处，还展现着人生的另一种美丽。例如飞舞的蝴蝶是美丽的，那种美丽是因为曾经在厚厚的茧壳中，蛹在黑暗与无助的寂寞中默默地等待、挣扎，才为自己迎来了这份自由灿烂的美丽；鲜艳的花朵是美丽的，那是因为泥土中的种子在寂寞的时光中悄然地舒展着生命，等待着温柔的春风与细雨，给它有了重生的希望。

所以，面对寂寞，我们不必顾影自怜，要知道，生活中的美丽与希望从来没有离我们远去。

2009年，索斯克贾尔一个人从遥远的北欧来到了中国工作。在整个公司中，只有他一个是外籍人士，他不懂中文，加上工作比较独立，生活的苦闷可想而知。刚到中国时，他吃不惯中餐，听不懂电视里说的是什么，他不理解中国人的生活习惯，他无法接受中国那种拥挤的街道，每天只好一个人下班后来到一家小酒吧，点一瓶酒解闷。

一个月过去了，两个月过去了，索斯克贾尔感到寂寞的情绪越来越严重。他不想上班，不想和别人交流，只想回到自己的祖国。可是他明白，工作制约着自己，不能做出这样的事情。烦闷之余，他买了一辆自行车，拿着相机到处拍照。

有一次，他骑车来到了一个小山村，看到一个小朋友一个人在玩水，表情非常快乐。于是，他悄悄地停了下来，不停地按动快门，将这个小朋友的快乐拍摄了下来。这个小朋友一会儿玩水，一会儿捉鱼，丝毫不感到疲惫，更不见没有同伴的孤独。

看着这个小朋友，索斯克贾尔的眼眶不禁有些湿润了。他知道，小朋友向来喜欢热闹，最讨厌一个人的时光，可是这个小朋友却享受着属于自己的生活，表现得如此快乐！再想想自己，他不禁有些脸红了。

后来，小朋友发现了这个奇怪的外国人。他跑到了索斯克贾尔的面前，露出了天真的微笑。这个瞬间被索斯克贾尔拍了下来，回到家后，他对着这个镜头看了又看。

从这以后，索斯克贾尔再也没把自己关在小屋子里了。上班之余，他总会带着快乐的心情欣赏中国的风光，并拍了上万张的照片。即使在家里，他也学着自己泡茶，总会给生活增添点小乐趣。

一转眼，两年的时光过去了，索斯克贾尔也到了回国的时刻。上飞机前，他又回头看了一眼美丽的中国，露出了灿烂的微笑。

如果不懂得享受寂寞，那么相信在中国的这几年里，索斯克贾尔的情绪早已崩溃。所以，面对寂寞时，我们也应该学学索斯克贾尔。同时，我们还可以回忆一些美好的往事，重温一下过去那些美好的片段，把一切烦恼抛到脑后，来享受只属于自己的那一份寂寞.

某个散文家说："寂寞是一种美。就如这个夜，好深，好静，天空没有一丝的风。我遥望夜空，手捧一杯浓茶。随记忆的天马行空，享受思想的行云流水。淡淡地，在孤独中倾听星月的低语。静静地享受，享受宁静中这一分凄楚的美。"经历了寂寞，我们的心灵变得更加高尚、睿智，使心灵为了更能够向往生活美好而敞开，从而接受生活的陶冶。经历了寂寞，才能在生活中有意味地去获得长期的进展。

一个人的生活，可以有很多美好让你发现。所以，丢到牢骚、丢到沮丧吧，让一个人的天空也可以画出靓丽的彩虹。

等候成功，寂寞是不弃的伴侣

寂寞的人，仿佛就是清晨静静开放的白色蔓陀罗，孤芳自赏、傲然孑立。别人异样的眼光无法影响他，他人的褒贬评价也不能左右他的思想，即使是前进路上风雪交加，需要跋山涉水，他也能慨然前行。

有一个普通的女孩也想过成功。她的梦想是站在舞台上唱歌。然而，这个女孩子并不漂亮，但这并不妨碍她追求自己的梦想。但是有一天，她的梦想受到了打击。在一名著名音乐人的制作室里，一盆冷水向她泼了过来："你的嗓音和你的相貌同样不漂亮，我看你很难在歌坛有所发展。"

听了这话以后，女孩并没有选择离开，反而默默地留了下来。梦想那么远，成功那么远，她能做的只能是把握好现在。她端茶、倒水、制作演出时间表、替歌手拿演出服装……别人问她为什么，她郑重地说："不为什么，这里是离我的梦想最近的地方。"

终于有一天，她微笑着站在了自己的舞台上，用并不惊艳但十分温暖的嗓音感动了所有在场的人。在成为歌手之前，她忍受着巨大的寂寞和无助，但她从来都没有放弃自己的梦想。

成功从来都伴随着痛苦和寂寞。寂寞，是成长所必须承受的"痛"。当我们年轻时，谁没有遭遇寂寞、痛恨寂寞，并想摆脱寂寞呢?成功之前，只有你一个人在踯躅前行，没有鲜花、没有掌声、没有赞美，甚至得到了太多的嘲笑和打击，没有人会把目光多停留在你身上一点。在成功到来之前，你需要一天天在冷清中度日，而且还得继续前行。然而，有人将这份寂寞当成了一种储蓄，以积少成多的投入换取更丰盛的财富，积存在生命的仓库中。

成功路上，往往是那些琐碎的事为我们的成功打下了基础。琐碎的工作充满了单调、乏味和寂寞。其实，工作无大事、小事之分，这些都在你的职责范围内。一个人在平凡的工作中，力求高效、完美，体现服务和奉献精神，才能在公司中脱颖而出。所有的职场中人都应该练就正确的心态，培养承受寂寞的能力。

成功的路上充满艰辛，每一个追求成功的人都不会一帆风顺。坎坷、无奈、寂寞、孤独常常伴随在他身边。在追求的过程中，当寂寞成为一种切身的感受、成为生活的状态时，成功看似遥遥无期，其实它已在悄悄到来。耐得住寂寞，就是在守候成功。

布莱汉姆是一名50多岁的普通清洁工，然而他却获得了剑桥大学荣誉文学硕士学位。荣誉学位是剑桥最高的荣誉，以往总是被授予爱因斯坦、比尔·盖茨等这样著名的科学家、商业精英。

剑桥为什么会授予他荣誉硕士学位?原来，30年前，20岁出头的布莱汉姆打算在剑桥当个老师，但一直没能成功，不得已，他只好从事打扫街道的工作。连他自己也想不到，这一扫就是30年。

在这30年的时间里，他利用业余时间，将剑桥的历史、建筑、人文研究得了如指掌，成为了一名合格的剑桥导游。正是这份热爱和执著感动了剑桥大学的校方。剑桥大学的发言人说:"校方决定给布莱汉姆颁发荣誉学位就是因为他对剑桥的热爱。"布莱汉姆凭借自己的努力和热爱实现了自己的梦想。成功，就在他30年漫长的"等待"中实现了。

布莱汉姆的故事，让人倍受鼓舞，如果我们能坚守自己的梦想，不放弃，即使在孤独寂寞中也好好珍惜，总有一天会取得自己的辉煌。当对理想的激情淡化成日常的行动，甚至受到平淡的折磨，就是在脚踏实地地走向成功。所有的梦想都要靠自己的努力得到，而不是靠想象得到。

每个人都有自己成功的方式，在追寻成功的路途中，在参考别人的成功故事之前，最应该先问问自己一个问题:我是否耐得住寂寞，坚持自己内心的梦想，并能抵挡住诱惑呢?不能够坚持，随波逐流，成功的概率就会很低。有时候即使获得了成功，可能也会恍然大悟，原来得到的并不是自己真正想要的。

卓越的成就离不开孤独和寂寞的淬炼

拥有了寂寞的人，才能拥有真正的自我。灵感在寂寞中产生，创造在寂寞中萌发，思想在寂寞中闪烁。有了寂寞，才会有一些意想不到的收获。

王明在一家IT企业做技术员。3年前，刚参加工作时，他年少轻狂、敢作敢当，对一切都充满自信。在他眼里，这是最好的工作，无所畏惧，充满新鲜感、激情和憧憬。

富有激情和干劲的工作让王明有了很大的提高。他不仅很快在公司里独当一面，而且还是一些项目的负责人，到年底时还被公司授予创新奖等。在他看来，这个工作的确是最好的工作，自己也愿意用一生去做好它。

然而，随着时间的推移，技术员的工作开始显现出枯燥和乏味。3年的时间虽然短暂，但王明感到闯劲儿没了，工作热情也降低了，甚至对原本熟悉热爱的工作产生了抵触情绪。在经历了最初的辉煌后，他开始变得麻木起来。

朝九晚五地上下班、挤公交、打卡，工作时头昏眼花、胃痛心焦……王明越来越不喜欢现在的工作，不喜欢现在的自己。

其实，工作给人的不只是一份薪水、一种能力而已，如果将自己的工作理解成每个月领一次薪水，每天按时上下班，每周的两个休息日，再好的工作也经受不住时间的洗礼，经受不住寂寞的侵袭。

人类的卓越成就离不开孤独和寂寞的淬炼。即使是平凡的你，只要能够耐得住寂寞，在寂寞中不断地奋斗，终有一天，你也会发出属于自己的光。

西方有位哲人在总结自己的一生时说过这样的话："在我整整75年的生命中，

我没有过过4个星期以上真正的安宁日子。这一生就像一块必须时常推上去又不断滚下来的岩石。”所以，追求宁静、追求寂寞成了很多人的一个梦想。由此可见，并非每个人都能享受寂寞。

现实生活中，更多的人因为害怕寂寞，才让自己忙碌、热闹起来。他们借热闹来躲避寂寞，让自己在人群中获得一种安慰。在滚滚红尘之中、忙忙碌碌的节奏里，人们会将更多的时间用在热闹的喧嚣中，不会固守一方清静，独享一分寂寞。我们看到，路边灯火辉煌的酒吧，街上脚步匆匆的行人，他们在奔向热闹鼎沸的地方。然而，热闹之后的寂静更让人寂寞。

有这样一个人，他生来就会唱歌。然而命运不济，他只能在贫穷和失败中成长。小时候，他经常被人欺负，但这并没有阻挡他热爱音乐的脚步。

11岁时，他加入了教堂唱诗班。16岁时，他迷上了歌剧。

然而，生活时常跟他开玩笑。他的日子过得不富裕，只是一个卖廉价手机的销售员。但即使如此，他也没有就此沉沦，而是一有机会就抓住自己的梦想。

2000年时，他拿出自己多年的积蓄，前往意大利参加语言暑期班，就是为了唱好歌剧。

不幸再次发生，2003年，他因盲肠炎住院。同时，医生在他的肾上腺部位发现一个肿瘤，幸运的是这是一个良性肿瘤。

出院后，他在一次骑摩托车时出了车祸，摔断了锁骨。这次打击，使他感到非常消沉，根本没想到唱歌的事。

他和妻子一直生活在贫困的边缘。

然而，当他站在赛场上时，他的平凡故事开始终结。

当他通过不停地摆弄双手来让自己平静时，他似乎不敢相信自己能站在这里。

主持人问他：“你要唱什么？”他说：“只是唱歌剧而已……”评审毫不在意。

他唱的是普契尼的著名歌剧《图兰朵》里面的咏叹调《今夜无人入眠》。当他唱出第一个音符时，现场人都被震惊了，他们说不出话来，没有想到这个胖乎乎的中年男人有这么优美的嗓音。

他赢得了观众和评审的掌声，并成为冠军。他就是保罗·帕茨。

成名后的他虽然依然不自信，但总有笑脸和真诚的声音。他因歌剧、真诚以及对梦想的坚守，成为世界知名媒体竞相争夺的宠儿。

人生的丰富与美好，是每个人都向往的，生命的宏伟和阔大，也是我们所追求的。拥有一颗坚韧的心，可以让我们站立在生活的急流中，不因贪图而倾斜，也不因喜乐而忘形。危难来临时，我们也不用去逃避；寂寞到来时，我们也不用去躲开。守住一颗坚韧的心，就能守住一份寂寞，从而让自己走得更远。人生的风景需要坚韧去守望，也需要寂寞去发现。

人生总有挫折，是消沉还是坚韧，答案在我们的手中。人生也会有喧嚣和寂寞，选择哪一个的主动权也在我们的手里。把寂寞当成心灵的避难所，它就会让我们有足够的时间去舔拭自己的伤口，让我们重新以自信的笑容去面对人生。生活中的挫折和失败，正是在对寂寞的品味中才变成了经验，成为了宝贵的财富。那些抗争未来的人，必须有足够的、面对寂寞的勇气；那些曾拥有辉煌的人，也必须要有耐得住寂寞的感受才能守得住辉煌。

今天的寂寞是为了明天的盛放

宝剑锋从磨砺出，梅花香自苦寒来。在万物都沉睡的时候，梅花孑立在风雪中，接受寒风的洗礼，独自承受寂寞，只为明天的花香。

遥远而偏僻的山谷里有一个高达数千尺的断崖，断崖边上有一株小小的野百合。

野百合刚刚诞生的时候，与杂草没有丝毫分别，但它知道自己不是一株野草。野百合的内心深处有这样的信念：我是一株百合，不是野草，我要开出美丽的花朵来证明自己的存在。正是这样的信念，促使着野百合努力地吸收水分和阳光，深深地扎根……终于，在一个春日的清晨，野百合的顶部结出了第一个花蕾。

野百合的心里很高兴，而周围的杂草却不屑一顾，它们暗自嘲笑野百合："明明是一株草，却偏说自己是朵花。就算你真的会开花，在这荒郊野外也没人会注意到你，你的价值和草没什么区别！"偶尔有飞过的蝴蝶和蜜蜂，它们也会奉劝野百合不必努力绽放，告诉它断崖边上的花朵，就算再美丽也没有人欣赏。

野百合没有领会旁人的目光，它大声地说："我一定要开花，因为我能开出美丽的花，就算没有人欣赏也要这样做，我要证明自己的存在。"野百合努力地释放着内心的能力，有一天，它终于开花了，那灵性的洁白与秀挺的风姿让它成为断崖上一道亮丽的风景线。

野草和蜂蝶都不敢再嘲笑野百合，野百合的花朵上每天都有晶莹的水珠，野草们误以为是昨夜的露水，只有野百合知道那是它为自己感动而流出的泪滴。年复一年，野百合总是努力地开花、结籽。它的种子随风落在山谷、草原和悬崖边上，每一处都开出洁白的野百合。

几十年后，这里成了"百合谷"，人们不远千里来欣赏百合花，在这片花海中，许多情侣许下了美丽的誓言，还有千千万万的人感动得流泪。

面对野草的冷言冷语和蜂蝶的鄙视，野百合始终坚定着自己的信念：我要全心全意地开花，用花来证明自己的存在。坚定之后，野百合迎来了属于自己的春天，用漫山遍野的花展示了生命的价值。

百合用它的坚韧成就了自己的春天，那么梅花则是用自己超常的忍耐力，不畏寂寞，给人们带来了寒冬里唯一的花香。所以在文人墨客的笔下，有了许多赞扬梅花的词语，如冰清玉洁、凌寒留香、明霜傲雪……在中国人的心中，梅花就是坚强的象征，表现出一种坚韧不拔、百折不挠、自强不息的精神品质。别的花都是春天才开，它却不一样，愈是寒冷，愈是风欺雪压，梅花开得愈精神、愈秀气。甚至有诗人如此赞美它：墙角数枝梅，凌寒独自开。遥知不是雪，为有暗香来。

正是梅花的这种坚韧，给它蒙上了一种孤独的气质。凛冽的寒风中，所有花儿都闭上了双眼、蜷缩起身体，唯有梅花迎雪怒放，给寒冷的冬天带来了一抹暖意。

其实，人生又何尝不是如此？当我们仰望那些成功人士时，总羡慕他们如今的地位、财富，却没有看到，他们也曾经有过孤独地面对寒冬的时刻。在这份孤单中，他们挺直了身子，赢得了所有人的敬佩，这种心态，不正是值得我们学习的吗？

2007年，郭国顺和几个朋友合伙开了一家外贸公司，他出任总经理。刚开始，因为订单比较多，因此收益也很好，这让几个人赚得盆满钵满。谁知2008年经济危机的到来，他们的外贸公司的订单量少了一半还多，眼看工人的工资就快发不出来了。

公司的几个创始人在那段时间内每天都是研究对策，然而，那次经济危机波及全球，无论多么好的计策，都难以获得成功。不得已，几个人准备撤资，不愿再将自己的钱打水漂。

但是，郭国顺却没有选择这条路，他以低价收购了其他几个合作人的股份。当时，他们还劝郭国顺："别硬扛了，早点走损失少点！"郭国顺没有说话，只是平静地笑了笑。

成了孤家寡人的郭国顺，这时才体会到了什么叫做孤单。过去和客户谈判有专门的人，现在却要自己出马；工厂里的生产状况也要自己盯着。就连最普通的报税，也要他亲自出马。不过，郭国顺告诉自己："腊梅只在寒冬开，也许正是因为它的孤独，才绽放出了最美的花朵！"

就这样，郭国顺一个人扛起了公司的所有事务。那个时候，外贸出口形势一片狼藉，沿海某省的几百家鞋帽工厂纷纷倒闭，即使存活的也只剩下一口气。无数次，他的朋友劝他离开，可是他总说："不，这种孤独，正是我想要的。"

也许是郭国顺的坚定感动了上天，就在他的公司面临倒闭之时，突然法国一位客户下了大批订单，让他喘过了气。后来，随着经济危机的逐渐度过，他的公司也越做越大，终于发展成为拥有300人的中型企业。

郭国顺的成功，引来了记者的采访。他对着话筒说："那些失败的人，就是因为被孤单吓坏了，想着其他厂都倒闭了，自己怎么能成功呢？可是我却反其道而行之，享受这份孤独，这才有了今天的事业！"

梅花是那么寂寞，孤零零地绽放于冬季，然而谁能拒绝它带来的芬芳呢？人生亦是如此，最美的收获只能在孤单中获得。例如婷美创始人周枫、香港首富李嘉诚，他们何尝不是在一个人的环境里最终戴上了成功的桂冠？其实，孤独并没有想象中的可怕，它反而会给你带来一种心灵上的宁静，让你更加重视自己，这绝非是"乱哄哄的热闹”可以带来的。

人生中，总有这样或那样的波折，陷入低谷，就像身处寒冷的冬季。这个时候，如果你能调整心态，学会享受这份孤独，如梅花一般绽放出自己的美丽，那么你会发现，此时收获的快乐会比其他时候更芬芳、更浓郁！

友谊，滋润孤独心田的甘泉

俞伯牙得遇钟子期，高山流水才遇知音，子期逝去，伯牙摔琴，此曲成为绝响。一个人即使独行，也需要友谊的滋润。

我们在生活中需要伴侣，无论快乐和痛苦都需要有人分享。没有人分享，再多的成就都不圆满，当快乐和幸福不能够分享的时候，它就变成了一种惩罚。如果快乐能够分享，快乐就会加倍；如果痛苦能够分担，痛苦就会减少。朋友是在前进中给你指明方向的人；朋友是为你解决困难的人；朋友是与你知心的人；朋友是关爱你的人；朋友是与你朝夕相处的人……所以，每个人都需要友谊的滋润，即使你是一个热爱独行的人，你的人生道路上也需要有份真挚的友谊。

每个人心里多少都会有压力，会受到一些事情的困扰，我们可能无法改变这件事，但可以通过向其他人倾诉，让受力面积扩大，进而让心里的压力减小。朋友可以给你一种力量，让你更好地走自己的路。有人把朋友比作金银，说朋友就是财富；有人将朋友当成阳光，可以温暖自己的内心；有人将朋友当做月亮和星星，可以让自己在黑夜里前行。总之，朋友就是那种在平常可以帮助你、在困难时不舍弃你、在人生的低谷中更不会离你而去的人。

当然，并不是有了痛苦才找人分担，有了快乐也要与人分享，否则就很可能成为他人眼中的悲观者，让人避而远之。如果你愿意与人分享他们的快乐，或是乐于帮人分担他们的痛苦，那你一定会是个幸福的人，因为有很多人对你心存感激。

王军习惯一个人到处走走。他有些内向，但也并不是没有朋友。在他的手机里经常存着一些老朋友的号码。他很少跟他们联系，但这并不代表着他和他们之间没有感情。

一次，当王军的朋友李刚在韩国旅游时，突然看到了电视里正在播放关于海啸的新闻。他盯紧电视，电视里正播放着可怕的海啸画面。

李刚想，还好自己没去东南亚，而来到了韩国。但这时，他突然想到了王军。

他赶紧把电话打给了王军，然而，听到的却是忙音。难道王军出事了？这段时间，他好像正在东南亚休假。

李刚紧张起来。自己和王军是非常要好的朋友，虽然平常联系得不多，但友情一直都在。两个人有时也会一起聚聚，分享一些各自的收获。

连着打了三四次，电话那头一直是忙音。正在李刚紧张时，电话打了过来。

“李刚，东南亚海啸，你没事吧？”王军在电话里着急地问着。

原来，两人之前告诉过对方，都要去东南亚度假，但李刚因事耽搁，去了韩国。

“我没事，你呢？你怎么样？”李刚也在电话里问。

“我昨天就回来了。你呢？”王军说。

“我去了韩国，没去成东南亚。”李刚说。

一时间，他们都有种死里逃生的感觉，同时也都感受到了一份特殊的友情。

真正的朋友即使平时很少联系，但是心中永远有对方，就像王军和李刚，彼此都在危难的时候想到了对方，用一颗真诚的心去关心对方，这就是真正的友谊。

真正的友谊是真诚的，这种真诚不会在你跌倒时收回双手，也不会在你受伤的伤口上再洒上一把盐。金钱有价，友情无价。真正的朋友明白义利孰轻孰重，他们不会见利忘义，更不会像墙头草一样，对有用的人就阿谀奉承，对无用的人一脚踢开，这样的两面派交不到真正的朋友。真正的朋友也不会因为一点私利，就把情谊抛在一边。真正的朋友会在你需要时，伸出帮助的双手。他们看重自己的承诺，珍惜永恒的友情。困难时，他们不会给你压力；落魄时，他们会给你更多的鼓励。真正的朋友不会被盲目的义气冲昏头脑，无论面对任何事情，他们都会用理智去面对、解决。

总之，与朋友交往，不能千篇一律，每个人都有自己的方法，也会有自己的原则，但无论有什么不同，结交朋友都需要靠诚心和真心。要想知道自己是否交到了真正的朋友，就要看当你有难处的时候，朋友是否离开你；当有误会的时候，朋友是否原谅你；当你快乐的时候，朋友是否和你一起分享。同样，对于我们自己而言，我们要在朋友需要我们的时候不远离朋友，要和朋友一起同甘苦共患难。

友谊是我们每一个人必需的，友谊是我们每一个人向往的，友谊是我们每一个人一生中不可缺少的。我们都渴望友谊，我们都珍视友谊。朋友是真诚的，朋友是真心的。有朋友的人生是幸福的人生。人生离不开的是亲情、友情和爱情，即使独行，也要找份真挚的友谊来滋润自己。

第4章

没有相同的人生，何苦非要对比
淡然的人生不比较

如果你是小草，就不必艳羡花的芬芳、树的高大，当有一天人们低头的时候，会因为你的绿意盎然惊喜不已。

没有绝对相同的人生，我们何必要不停地攀比，把自己陷入无以复加的烦恼当中？用淡然的心境做好自己的角色，会发现安心草的春天也一样美丽。

艳羡别人，会看不见自己的幸福

幸福要靠自己体会，不是别人看到的样子，所以，我们无须将自己的生活演绎给别人看，更不要盲目地羡慕别人的幸福，否则会忽略本就属于自己的幸福。

在一条河的两岸，一边住着凡夫俗子，一边住着僧人。

凡夫俗子们看到僧人们每天无忧无虑，只是诵经撞钟，十分羡慕他们；僧人们看到凡夫俗子每天日出而作、日落而息，也十分向往那样的生活。

日子久了，他们都各自在心中渴望着到对岸去。

一天，凡夫俗子们和僧人们达成了协议。于是，凡夫俗子们过起了僧人的生活，僧人们过上了凡夫俗子的日子。

几个月过去了，成了僧人的凡夫俗子们发现，原来僧人的日子并不好过，悠闲自在的日子只会让他们感到无所适从，便又怀念起以前当凡夫俗子的生活来。

成了凡夫俗子的僧人们也体会到，他们根本无法忍受世间的种种烦恼、辛劳、困惑，于是也想起了做和尚的种种好处。

又过了一段日子，他们各自心中又开始渴望着到对岸去。

由此可见，你眼中的他人的快乐与幸福，并非真实生活的全部。人生百态，每个生命都有欠缺，每个人都各有各的烦恼，不必与人作无谓的比较，珍惜自己所拥有的一切就好。

或许，羡慕别人是人的一种天性。看到人家好、人家强，作为凡夫俗子的我们，哪个不心动？就算是得道高僧，也要念三声“阿弥陀佛”，才能镇住自己的欲望和邪念。生活的差别无处不在，而艳羡之心又难以克服。但是，假如我们能换一种思维模式，学会理性地分析生活，你也许会发现，其实，终其一生，生活对每一个人都是公平的。

人生是一个由起点到终点、短暂而漫长的过程，在这个过程中，每个人所拥有和承受的祝福寿禄、喜怒哀乐、爱恨情仇都是一样的、相等的。这既是自然赋予生命的规律，也是生活赋予人生的规律，只不过我们享用、消受的方式不同，这不同的方式便演绎出不同的人生。

许多时候，人们往往觉得得不到的就是最好的，总是觉得别人的东西比自己的好。其实，我们应该想到，也许，只有自己所拥有的才是最适合自己的。我们应该珍惜当下，发现自己的富足，感谢上天所赐予我们的一切。

现实生活中，发家的历程是很艰辛的，不可能所有人都能发家致富，所以大多数人还是过着平常的日子。在这种情况下，于是我们便艳羡别人赚了钱、买了房、买了车，等等，面对自己和别人的差距，我们每个人的内心世界或多或少地都有一些不平衡心理，这就是造成压力的根源所在，这种压力会降低一个人的自我满足感，享受不到生活的快乐。

一个青年总是埋怨自己时运不济、生活不幸福，终日愁眉不展。

这一天，走过一个须发俱白的老人，问："年轻人，干嘛不高兴？"

"我不明白我为什么老是这么穷，别人都那么富有。"青年回答说。

"穷？我看你很富有嘛！"老人由衷地说。

"这从何说起？"青年问。

老人没有正面回答，反问道："假如今天我折断了你的一根手指，给你1000元，你干不干？"

"不干！"青年回答。

"假如斩断你的一只手，给你10000元，你干不干？"

"不干！"青年没有犹豫。

"假如让你马上变成80岁的老翁，给你100万元，你干不干？"

"不干！"青年坚定地摇着头。

"这就对了,你身上的钱已经超过了100万元呀!"老人说完,笑吟吟地走了。

这个故事告诉我们,那些总认为自己太差、比不上别人的人,不是他们真的一无是处,而是他们心灵的空间挤满了太多的负累,因此无法欣赏到自己真正拥有的东西,忽略了自己的幸福。

生活中我们总是羡慕那些明星、名人终日淹没在鲜花和掌声中,名利双收,以为世间苦痛都与他们无缘。这是我们羡慕别人的盲区,也是我们老是羡慕别人光鲜处的原因。事实上,走进明星、名人的生活,他们同样有着不为人知的心酸。某名导的儿子是弱智;美国前总统里根曾几度风光,晚年却备受不孝子的敲诈、虐待;戴安娜如果没有魂断天涯,又有几人知道她与查尔斯王子那场"经典爱情"竟然是那么糟糕……

俗话说,人生失意无南北。宫殿里也会有悲恸,茅屋里同样也会有笑声。只是,平时生活中无论是别人展示的,还是我们关注的,总是风光的一面、得意的一面。于是,城里的人向往城外的生活,而一旦走出了围城,就会发现生活其实都是一样的,有许多我们一直在意的东西,在别人看来也许根本就不算什么。所以,我们根本就没必要将自己的眼光一直投放在别人的生活上,多关注一下自己,欣赏一下自己的人生,才能让你彻底体会到生活的快意。

所以说,在生活中只要做好自己就可以了,一味羡慕别人只会给自己带来超量的心理负荷,给自己凭空地添加许多烦恼与忧虑。让我们剔除掉那些不必要的烦扰,给自己一个快乐的空间吧。

攀比是苦恼之源

> 攀比就像搁置在我们身边的潘多拉魔盒一般,一旦完全打开它,苦恼便开始如影随形。

王军和李超是同班同学,两人关系非常好。毕业以后,两人进了同一家网络公司。一开始，王军在公司表现很优异，得到了大家的一致认同。然而到年终的时候，却是李超凭着家里的关系升了职。看见这个情况，王军一肚子怨气没处发泄，心里开始暗暗地跟李超较劲。刚开始的时候是在工作上，什么都要比李超完成得快，如果李超先于自己完成，他就感到非常痛苦。后来发展到在生活上也要处处比李超强，要穿比李超贵的衣服，开比李超好的车。渐渐地，强大的经济压力终于让王军承受不住，陷入了痛苦之中不可自拔。

确实，李超所拥有的外部条件比王军要优越得多，比如家庭背景、社会地位，这是无法改变的事实。但王军自己拥有的东西却有可能是其他人一辈子都无法得到的。原本王军是一个非常优秀的人，大学毕业，便找到了一份不错的工作，并且迅速在工作上得到了大家的认同，他实在比其他的同学更加顺利许多。如果他肯踏踏实实地干好自己的工作，不去与李超攀比，他这块金子迟早是会发光的。但他却选择了一条错误的竞争之路，使自己陷入痛苦的泥潭。这是不是很可笑呢?因为一时的心境不平，便放弃原本属于自己的快乐，一味追求与他人一样的东西，结果却让自己不堪重负。

从理论上来讲，我们每个人都拥有属于自己的东西、属于自己的快乐。我们本应更加珍惜自己所有，享受自己的快乐。但现实却偏偏不是如此。许多时候，我们总会错以为别人手中的糖果更大、更甜，别人拥有的东西更好。就好比对许多男人而言，自家的老婆总是比不上别人家的漂亮，自己的事业总是没有别人做得更大，就连自己的孩子也喜欢拿到各家去攀比，如果有哪一样比不上别人家，便会垂头丧气，迁怒于家人。

于是，大家相互追逐、相互攀比，你有一个，我就要两个，你有两个，我就要4个。目标达成，便欣喜若狂，若是比输了，失落之情便油然而生，苦恼也就此产生了。

李华曾有份高薪稳定的工作、一个漂亮的妻子和可爱的孩子。按理说，他不能不算是个幸福的男人。但这一切都在邻居王某搬过来的那一天渐渐消逝。王某有一个很漂亮的妻子，不仅漂亮，还很贤惠。王某每次过来，都要跟李华夸奖一番自己的太太。一开始，李华还只是笑笑，但几个月之后，他却渐渐开始觉得妻子不那么顺眼了。

一次，妻子早晨起床，照例梳妆打扮，然后准备去上班。李华却觉得心里好似装了块疙瘩。他拉住妻子说："你看看人家王某的老婆，每天早晨都起来给他做早饭，我们结婚这么多年了，你哪一次做过？"妻子没说什么，下厨房煎了个荷包蛋给他。李华又不乐意了："你这蛋煎的什么玩意啊？人家王某早晨起床，餐桌上起码是3样齐全……"妻子也火了起来，两人开始争吵。此后，李华更是经常拿王妻跟自己的妻子比较，还常数落女儿不争气，没像王家的孩子那样，拿一些奖项回来。

最终的结果是好好的家庭从此变得鸡犬不宁，妻子和女儿都怨恨李华。一家人就因为李华小小的攀比之心而使亲情黯淡下来。

曾有很多人被问及理想的生活状态是什么？有人说希望有很多钱，有人说希望有很大的房子，还有人说希望有稳定的工作。大家都会回答我希望如何，但从来未有人说希望比他人过得如何。是的，当我们在制订愿望的时候，每个人都会依据自己所想、所念，而不是参照他人作为标准。但到了执行的时候，为什么就会变得不一样了呢？

许多时候，我们往往忘却了自己的理想，却把目光集中在了别人的身上，给自己增添了许多压力和烦恼。当我们沉浸在攀比中时，却逐渐失去了属于自己的颜色。

人比人，气死人。这不是一句空话。我们不停地比身份、比金钱、比地位。比过了一个，又会攀比第二个、第三个。无穷无尽地攀比，把你的生活重心放在了别人身上，却忽略了自己真正的渴望。丢弃简单的快乐，让自己处在无穷尽的痛苦之中，这是一个多么傻的决定，却又是许多人不自觉在做的事情。

攀比是苦恼之源。收回投在别人身上聚集的目光，好好审视自己的幸福，你才能获得真正的快乐。

攀比会让原本的美丽失色

玫瑰娇艳似火、腊梅寒霜傲骨、清莲卓然出尘……任何一朵花都有自己的风采，用欣赏的眼光享受当下的美景，才能得到心灵上的快乐和满足。

一个旅游团到一个著名的花城去旅游，在旅途中，大家看到一大片的郁金香花开得正好，有位旅客就情不自禁地赞道："真美呀！我还没见过如此漂亮的花呢！"而坐在她旁边的一位旅客说："这里有什么？这里的郁金香还不如另外一个花园中的牡丹花好看呢！"这话一出口，车上游客的心中不免就有些暗淡了，好像整个花园中的郁金香顿时失去了色彩。

郁金香有郁金香的美丽，牡丹也有牡丹的漂亮，两者没有根本的可比之处，只需去欣赏当下的就能享受到快乐和满足，否则，所有的美感就会全部丧失，我们也就错失了当下的快乐和满足，不是吗？

在日常生活中，我们总是习惯了用比较的眼光来看待事情，比如拥有得多与少、事物的好与坏等等。当我们与别人比较的时候，就自然会无法对自己已拥有的东西或事物进行欣赏和满足，这样你自然就很难快乐起来。

与其去比较，不如换一种想法："这个很好，那里也不错。"以积极的心态去欣赏当下的美丽，享受自己所拥有的快乐，那么，你的心情将会永远是快乐的。

但是，比较似乎是人的一种普遍的不自觉的心态，只要尝试过一次"更好"的滋味，就想寻求到更多的"更好"，每个人似乎都会不自觉地将眼光盯向别处，体味不到自己眼中风景的美丽，这样也在不自觉之中让自己多了几分烦恼与忧愁。

张欣是位都市白领，与丈夫结婚后用积攒了几年的工资买了一套二居室的房子。房子是他们精挑细选后定下来的，两人住进去后感觉十分舒适而且方便，心中十分开心，每天上班脸上都会挂着幸福的微笑。

但是没过多久，她的一位好朋友也买了一套房。装修好后，朋友打电话让张欣到家里参观。朋友的房子地段好，而且房子还很大，装修得也很高档，张欣从朋友家回来后，脸上再也没有笑容了。她原本的好心情已经被朋友“更好”的房子给冲击掉了。

这就是比较心理作怪的结果！要知道，别人的房子好，花的钱也会多，付出的辛苦也自然就越多，那就让他“更好”吧！不想自己太累，不想背负太重的经济负担，买一个舒适的就好，享受当下的惬意生活，有什么好比较的呢？

比较在多数情况下都会给自己带来许多阴暗和不愉快的感觉，怀有比较的心理去工作或生活，即便你再有优势，也难免会使自己心理失衡，也不会有愉快的感觉。比较是十分危险的，会让我们忽略或不满足于自己所拥有的，会让我们错失很多美好的东西；比较会挑拨起我们的野心，也是在诋毁我们自己所做的一切努力，让我们所得的和已经拥有的变得毫无生机和意义……

其实，大部分的人都明白这个道理：我们都是比上不足，比下有余。但是仍旧还是会忍不住要去与别人比较，处在与人比较后的烦恼中不能醒悟过来：比较物质、比较金钱、比较名利、比较幸福……在物欲高涨的社会中，比较只会让我们烦恼重重。所以，当我们心情烦躁的时候，请自觉地自问一下：自己是否正处于比较后不平衡的心理状态下？如果是，请赶紧远离这种比较，因为一旦养成这种习惯，便会随时随地吞噬掉我们的快乐。

哲学家说：“人正是因为在人群中习惯了仰视，所以才滋生出许多烦恼来！”在生活中，我们总习惯于拿那些比我们强的人进行攀比，这样就会常常迷失自己，让原有的幸福与自己擦肩而过。反过来，如果我们肯低下头来，与那些不如我们的人相比，愿意多去看看那些不幸的人，我们就会感到很幸运，人往高处看固然是对的，因为它可以激发我们奋力向前的积极性，但是有时候也要低下头来看看身边不如自己的人，这样才能获得满足。

盲目跟风会失去自己

在羡慕别人的成功的时候，不要忘记自己也拥有独特的风景，不要等失去了才发现它的珍贵。

南方的一个山区小镇盛产一种小小的金钱橘，为什么叫金钱橘呢，因为每一年的金钱橘都卖得非常好，家家户户都靠卖金钱橘养家。然而有一年，市面引进了一种新的品种，当地人管它叫四川橘，远远超过了金钱橘的利润，许多村民看到别人种四川橘发了财，内心也不免跃跃欲试。

第二年，村里的许多人家都改种了四川橘，只有少数几个村民认为金钱橘是自己家乡土生土长的，对新品种也不是很了解，所以还是坚持种了金钱橘，由于新品种不适合在本地生产，很多村民都有所亏损，还是金钱橘受人们的喜爱。

放着自己得天独厚的条件不利用，非要去跟风，从而失去了自己独特的优势，这不能不说是一个悲剧。没错，成功固然可以复制，但前提是你要看清楚自己的条件。生活在这个大千世界里，每个人都有自己的个性和特色，每个人都有适合自己的生活空间。而一味地羡慕和比附，等于是抛弃自己的个性和特色，没有“特色的”自己，何谈魅力？肤浅地羡慕、无聊地攀比、笨拙地仿效，终日活在他人的影子下，时时幻想成为他人，就是迷失了自己，这是羡慕和攀比的悲哀。

大千世界，万事万物的产生与存在都各有方式，很多东西是不能统一标准、整齐划一、相提并论或简单相比的，作为万物之灵的人类更是各有各的活法、各有各的思想，你有你的快乐，我有我的快乐，那么，我们又何必把自己比到死胡同里面去呢？放着自己独特的风景不去欣赏，非要挤个头破血流去争望别人的风景，这不是一种世故，更不是“从众效应”，而是一种愚笨的行为。我们看到别人手上的红苹果，却忽略自家院子里的苹果树，殊不知，那棵被你忽略的果树将会结出更多的果实。我们眼热其他人的成功法门，却忘记自己脚下也踏着一条成功之路。这不是悲剧又是什么呢？

在一个国家里，有文将，也有武将，大家各司其职才能保证社会正常地营运。如果诸葛亮艳羡关云长驰骋沙场而弃笔从戎，那么将会可惜了一位伟大的政治家。如果关云长惊羡诸葛亮的智谋而投身文人，那么一代名将的风采我们也将无从得知。也许有时候现实给予你的是无情的打击和挫败，但是如果你因此而失去了自己而从众如流，那么你浪费的是上天赋予你的天赋和才华。

梵高是大家所熟悉一位画家，就算不熟悉梵高的人，相信也看过他的传世名作《向日葵》吧。那激烈而艳丽的色彩实在让人难以忘怀。其实在当时，梵高的作品是不被别人所接纳与理解的，梵高生前的日子十分窘迫，有好心人规劝梵高应该跟从主流画风，才能被大家所认可，幸而他坚持了自己。虽然现实给予他的是无穷无尽的痛苦和打击，直至他开枪自杀，他也依然同现实抗争着，坚持着自己那一片独特艳丽的风景。最终，他的《向日葵》终于盛开在了世界的每一个角落，他以他的独特才华留下了如同太阳一般的光辉。

看着那些身边的成功人士，我们会不自觉地模仿他们；看着身边人的劣根性，我们也会不自觉地沾染上各种各样的坏毛病。人与人之间总是存在着一种同化作用，物以类聚，人以群分，在社会的河流中，我们难免改变，这是一个不争的事实，也是一件很正常的事。然而，在很多时间里，我们只顾着盲从大众，却失去自己独特的一面，这是十分可惜的。不仅仅是个人，一些人群、团体，都会犯下同样的错误。

当然，并不是说每个人都需要采用梵高那么偏激的手段来争取赞同。但那些耀眼、强烈、个性的色彩却在现世得到了高度评价。如果梵高当初放弃自己的独特，不要说拥有富足的日子，恐怕连最后的荣耀也无法获得。

正所谓人比人，气死人，我们在生活工作中，如果处处和人攀比，在心理上就很难达到平衡，“境由心造，相由心生”，人的心情决定一切，良好的心境是可以通过自我心态的调适创造出来的。因此，人们要学会不攀不比，活在自己当下的角色里，活出属于自己的精彩。

成功的故事每一秒都发生在这个世界上，但若是摒弃所有个性，那就实在是太无趣了。金钱和权力的成功只会让人忌妒和献媚，而个性的成功却可以让他人无限景仰、无限憧憬。珍惜你眼前的风景，珍惜你自己认为最美好的风景，那才是最美的。

忌妒，会让你失去本该属于你的机会

忌妒犹如野草，稍一放纵便蔓延滋长，遍布整个心灵，给自己的生活蒙上了一层阴影。因此，我们必须走出忌妒的阴影，才能享受到阳光的温暖。

有一个人遇到了上帝，上帝说："我可以满足你的任何一个愿望。"这个人听了之后十分高兴，因为上帝没有限制他许任何愿望。"但是，"上帝又说，"你得到的任何东西，你的邻居都会得到双份。"

这个人冥思苦想，不知道该向上帝许怎样的愿望，因为他想，如果他许愿要一亩田地，那么他的邻居就会白白得到两亩，如果他要一箱珠宝，那么他的邻居就会得到两箱，如果他许愿要一个美女，那么那个家伙就会同时得到两个美女，他想来想去，不知道该向上帝怎样许愿，最后，这个人终于下定决心，对上帝说："请你挖去我的一只眼珠吧！"

忌妒并不是一件可耻的事。然而，若是因为忌妒他人而失去了自己成功的机会，那就不仅仅是可耻，而是可悲了。

忌妒是自古以来便潜伏在人们心中的原罪之一。在古代，因妒成恨，继而引发战争的事件屡屡发生。在当今，因为忌妒而发生的流血事件也并不罕见。而我们身边的许多人更是时常因为一些小事生出郁闷之情，究其原因，则无非是眼热同事比自己多拿一份薪水，或是忌妒原先不如自己的同事节节攀升，再或是眼红其他人财运连连。然而，无论是手握大权的高官，还是学识渊博的学者，或是腰缠万贯的富豪商贾，只要不是占尽了人间美事者，都难免偶尔产生忌妒之情，就更别提平民百姓了。因此，忌妒他人并不是一件多么可耻的事情。但若因忌妒他人而失去了自己成功的机会，这样的人虽不可耻，却是十足的大傻瓜。

林今年快40岁了，本来在南方一家广告公司做策划，经朋友推荐，北京一家广告公司与林联系，叫林去北京，一个月工资也能给三四千，这比在原来的地方好多了，于是林来到了北京，进了这家广告公司，和他一起进入公司的还有一个刚毕业的小伙子小余，工作上林总觉得自己是朋友推荐的，比别的同事高一点，而且自己的工作经验也多。所以在和同事一起讨论工作的时候，总是坚持自己的意见，根本听不进别人的建议。大家也都觉得林的年龄而谦让着他，相反小余则是听取了很多同事的经验，进步很快，而林却固步自封。

看到小余进步得如此快，又受同事们的欢迎，林很不是滋味，越看小余越不顺眼，平时都不怎么搭理他，公司很多人都看出来了他对小余的忌妒，他的人缘更加不好。

这天，老板把林叫到办公室，和他谈了很久，告诉他应该多听听别人的意见，特别是小余，虽然他比你年轻，但每个人的思想都是不一样的，都值得别人学习，林却说："我在这方面走过了这么多年，难道还要去请教一个刚入行的毛头小伙吗?"就这样林还是坚持自己的主见，为此老板对林很不满意，不得已炒掉了他。

只因看不惯新人比自己更优秀，失去了这么多宝贵的东西，这种事情不只是发生在林身上。在生意场上，因为忌妒对手的业务，便使出一切手段挤垮对手，并屡次采取不当竞争，结果却是两败俱伤，自己也没落到任何好处。在社交圈子里，因为看不惯某个人，便屡屡给对方使绊子，或是在背地里中伤他人，最后不但没有让他人交上厄运，自己却因为过于八卦，落下了不好的名声。还有那些因为忌妒情敌而做出傻事的人，把大部分时间都花在与情敌相互斗争上，从而失去了遇见下一段姻缘的最佳时机。这些难道不是天天都发生在我们身边的事情吗?不过，这些事情讲起来轻松，听的人也只当是饭后笑料，但许多人却乐于身在其中而完全不自知。

忌妒也许是我们一生都无法克服的负面情绪之一。我们很难保证，看见同一起跑线的人比自己生活得更好的时候，羡慕之余不会说上两句风凉话。我们也不能保证，看见明明不如自己的人，手中却拥有自己梦寐以求之物时，不会在心中忿忿不平。我们更不能保证，当我们拼尽全力，也比不上别人勾勾小指头所获得的东西时，心中就会产生愤怒的情绪。

但这并不需要尽力去改变，因为我们是人，所以我们会忌妒、会羡慕、会抱怨、会忿忿不平。这些都是人之常情，偶尔抒发一下心中的郁闷情怀，并不是什么不得了的大事。

不过，在我们郁闷之时，宣泄过后，则必须要做一件事情，一件相当重要的事情，那就是忘记。情绪化永远都不是你逃避自己、逃避生活的借口，忌妒之心也绝对不能成为阻碍你成功的绊脚石。

如果你实在忌妒那个比你更强大的人，与其愤怒、与其不满、与其指责上天的不公，不如从现在起，在心中鄙视他，却在行动上立志超越他。这才是宣泄忌妒的最好途径。

忌妒之心，损人不利己

> 在这个世界上总是有人比你更漂亮、比你更富有、比你更有才华，等等，享受自己拥有的就能保持愉快的心情。不要只看到他人的长处和自己的短处，平和地面对外界事物，才能拥有淡泊宁静的生活。

有两只老鹰在天空翱翔，一只飞得很快，而另一只却十分慢。后者因此十分生气，忌妒前者，它在森林里看到了一个猎人，于是就对猎人说："前面有只飞得快的老鹰，希望你用箭去射死它。"

猎人同意，但是猎人说："我的箭上缺少羽毛，我可否在你的身上取羽毛呢？"

"当然可以。"但是猎人并没有射中，问道："我再拔一根羽毛来射如何呢？"

但结果还是没有射中，就这样，一根根拔下去，直到最后老鹰飞不起来了，猎人大笑着将它带回家去美餐了一顿。

当看到他人的优越和快乐时，不要想着去破坏，应当将其作为努力的目标去和对方看齐，让自己也变得像对方一样优秀，这样，就不会掉进忌妒的陷阱里无法自拔，反而会提高自己。并没有什么人与我们有仇，也并非有什么事情导致我们的情况变得糟糕，真正使我们陷入困境的竟然就是由于看到别人的好运而产生的忌妒心理，它就像一根刺一样插在心上，让人十分疼痛，让你变得怨恨他人，心胸狭隘，缺乏修养，甚至会毁掉你的人际关系。

当你看到别人享受丰硕的成果时，不要去忌妒对方，你应当在这时候思考对方对此付出了怎样的代价。与其忌妒让自己生气，不如将其作为榜样去努力，将自己的碗里也装上满满的奶酪，努力去达成自己的愿望。没有人会因你忌妒他而分给你丰硕的果实，并且，忌妒的情绪状态会让你越来越痛苦，当忌妒心存在时，人们总是会看到对方的累累硕果以及自己的不幸遭遇，这些都会让自己感到痛苦万分。巴尔扎克曾经说过："忌妒心强的人，往往以恨人开始，以害己而告终。"

一个人在集市上卖乳酪，这时候，一只花猫跑过来，趁那人不注意，叼起一块乳酪就跑了。这只花猫的举动被一只黑猫看到了，黑猫心生忌妒，就想将乳酪从花猫那里抢过来。花猫当然不会将到手的美味拱手相让，于是两只猫厮打起来，展开了一场激战，花猫又叫又咬，黑猫又抓又挠，但是它们筋疲力尽也没有分出胜负。

这时候，正巧一只狐狸从这里经过，于是花猫建议让狐狸来做裁判，黑猫点头同意，它们把狐狸叫住，请它帮忙，为它们做出合理的裁决。狐狸听完了两只猫争吵的原因，看到了那块乳酪，摆出一副十分明智的样子。

"你们这两个愚蠢的家伙啊！"它大声呵斥道："有什么必要打架呢？你们两个都

想吃到乳酪，那么就将这块乳酪切成两块，这样，大家不都有份了吗？”

两只猫点头同意，于是，狐狸拿出一把刀子在乳酪上随意地切了一刀，然后将其中一块给了花猫，另一块给了黑猫。

当花猫正要吃的时候，黑猫抗议道：“它的那块比我的那块大。”于是狐狸就在花猫的那块乳酪上咬了一口，说：“现在一样了吧？”

“快看看呐，我的这块又小了。”花猫大声叫着。

狐狸戴上了眼镜，说道：“你说得没错。”于是又在黑猫的那块乳酪上咬了一口。

就这样，狐狸一会儿在花猫的乳酪上咬一口，一会又在黑猫的乳酪上咬一口，就这样不断反复着，因为黑猫和花猫总是在不断看对方的那块乳酪有多大，看到对方的乳酪比自己的大就会抗议，到最后，它们的乳酪被狡猾的狐狸咬得只剩下很小的一块，一大块乳酪就这样几乎都进了狐狸的嘴巴里。

忌妒会让你失去更多，没有人会因为忌妒最终得到补偿。德国有一句谚语：“好忌妒的人会因为邻居的身体发福而越发憔悴。”所以，忌妒其实是一把双刃剑，害人害己。一个人若有一点儿妒忌心是很正常的事，它还有可能成为自己前进的动力、奋发的源泉。可这种情绪一旦无限扩大，就会成为一颗毒瘤一样无时无刻侵蚀着你的心灵。

忌妒情绪是如何产生的呢？首先忌妒一定会在两个或者两个以上的人当中产生，是在与他人对比之后因自己的种种条件不如对方而产生，并且人们往往会极力排除或者破坏他人的优越地位，通过这样的方式来使自己的自尊心得到满足。但忌妒的结果确实是损人而不利己的，当你忌妒别人的工资比你高的时候，你的工资不会因你忌妒而上涨，当你忌妒别人的衣服比你的更加精致时，你不花钱去买是不可能让自己的衣服变得像对方一样，等等。

忌妒他人的人是可笑的，因为他们不能容忍别人的快乐与优越，因此就会实施各种手段、挖空心思甚至采取各种卑劣的手段去破坏别人的幸福，到最后，忌妒摧毁的不是他人，而是自己。

做最好的自己，就是最完满的人生

人生天地间，忽如远行客，自然每个人都希望自己能拥有一个成功的人生。最成功的人生不是富可敌国，亦不是权倾一世，而是做了最好的自己。

王大姐是小区打扫楼道的清洁工，她工作认真、为人和善，见到谁都笑呵呵的。人们每天上班下班见到她时，也总会和她招呼两句。可别小看了这个山里出来的山妹子，她不仅有着认真负责的工作态度，更有着一副好嗓子，还经常在社区活动的时候听到她在台上演唱山歌。

在一次聚会上，偶然听见了有人谈论王大姐。“那个清清工啊，可了不起了，歌也唱得那么好，什么时候和她好好谈谈，把她招到我公司去，好好培养培养。”另一位接口道，“可不是，有那么好的嗓子，做清洁工可惜了，赶明儿找人培养培养她，进歌剧团是没什么问题的。”

能获得人们如此由衷的赞叹，能不说王大姐真的是个非常成功的人吗？尽管她没有钱，也没有一份所谓的“好工作”，但能被这么多“成功人士”背地里赞叹，你实在不能不羡慕她。

其实，拥有成功的人生，并不表示你一定要做得比谁更好，一定要获得比谁更多的财富、更高的地位；有的人拥有亿万财富，却因此失去了亲情和友情；有的人位高权重，却整日都战战兢兢；还有的人虽获得了所谓的“成功人生”，却在数十年后无从回忆一生中那些尔虞我诈的岁月，那些充满了怀疑和背叛的岁月。他们又真的获得了成功吗？

人是一种奇怪的动物，总以为自己有那么多的缺点，总觉得别人的生活才是美好的。于是，人们活在追逐的世界里，追逐别人的物质、追逐别人的容貌……看看如今越来越多的明星美容院，不正是自己不自信的表现吗？难道自己拥有的，真的不能让自己满足吗？

虚荣的心态，让我们永远活在不满足之中，总是对自己挑三拣四：自己的面庞不如明星漂亮、自己的钱不如朋友的多、自己的人生不如别人的丰富……在你的眼里，自己仿佛没有什么值得炫耀的地方，这正是自己痛苦的源泉。

然而事实上，痛苦真的是因为自己不够好吗？如果这样说，那么张海迪一辈子都可能活在沮丧之中，霍金也许早就结束了自己的生命。其实，每一个人都是属于自己的天使，做好自己，就是最成功的人生。

黄伟的班里来了一个特别的女生。这个女生与其他人相比，可谓没有一点优点：身体残障、哑巴，可以说她就是名副其实的丑小鸭。

这个女生名叫黄美廉。一天上形体课，这时轮到了她。在全班的笑声中，她不卑不亢地走到舞台上，不时偶尔地挥舞着她的双手；仰着头，脖子伸得很长，与她尖尖的下巴形成一条直线；她的嘴张着，眼睛眯成一条线，诡谲地看着台下的学生；偶然她口中也会支支吾吾的，不知在说些什么。

看着她的样子，黄伟的心里难受极了。就在这时，她的表演结束了，突然一个素来以不懂事的同学站了起来，说："黄美廉，我们都知道你是小儿麻痹，从小就长成这个样子，请问你怎么看你自己？"然后，还小声嘟囔了一句"拐腿鸭。"这句话引得周围几个同学大笑了起来。

听到他们的笑声，黄伟既愤怒又难过。愤怒的是这些同学们的无知；难过的是这样的提问给同学造成了伤害。黄伟捂上了耳朵，不愿听到下一刻的痛苦。

谁知，黄美廉并没有表现出什么不悦，而是嫣然一笑，在黑板上龙飞凤舞地写了起来："一、我好可爱！二、我的腿很长很美！三、爸爸妈妈非常爱我！四、我会画画！五、我会写稿！六、我有只可爱的猫！

一瞬间，班里鸦雀无声。黄美廉笑了笑，又写道："我只看我所有的，不看我所没有的。"顿时，班里响起了热烈的掌声。那句话，感动得黄伟热泪盈眶，将这些话印在了自己的心上。

追求更好的生活，这是人之常情；可是，我们不能单纯为了追求，就忘了自己的优秀。正如古希腊哲学家、科学家亚里士多德说："聪明人并不一味追求快乐，而是竭力避免不愉快。"就像某个其貌不扬的影星之所以能够在竞争激烈的香港站稳脚跟，就在于他懂得欣赏自己，不会让自己陷入不满足的情绪中。

只有做好自己，认定自己是最美的天使，你才能懂得满足，才能完满自己的人生。在更多的时候，我们并非没有成功的能力，而是忽略了"自己"这个成功的决胜因素。我们总是眼望别人，眼望得不到的东西，眼望那些看起来闪耀却没有实际价值的夸奖之语。我们总是认为，不经他人认同的行为就是没有价值的，甚至是失败的。许多人甚至从没想过自己究竟需要什么样的人生、想过什么样的生活。

任何一个人都有自己的优势，别人发现不了你，你自己可以发现；别人不欣赏你，你完全可以自己欣赏自己。最成功的人生，最关键的因素在于，这究竟是谁的人生，是你的，还是别人的？所以，努力发现自己优秀的品质，然后发扬光大，你同样可以让自己顶天立地，从而摆脱攀比给自己带来的烦恼！做最好的自己，走自己想走的路，只有当你发挥了自己最大的优势，成功才可能真正属于你。

不是幸福远离我们，而是我们远离了幸福

幸福太瘦，指缝太宽，当我们面对幸福、感叹幸福缥缈不定、思绪无限的遥想时，它正悄然地随着岁月从我们的指间和身边流逝。假如有人说幸福远离了我们，倒不如说是我们远离了幸福。

有一只拥有一口井的青蛙，晨也悠闲，晚也舒坦，但是却没有幸福感，因为人们讥笑它是井底之蛙。一只海龟说：你到东海去吧，东海浩瀚无边呢，鱼儿在那里生活

得很快活，你一定能在那里找到你的幸福。于是这只青蛙开始了艰难的跋涉，经历千辛万苦来到东海，但是却被东海的盐分伤了身体。鱼儿说：青蛙啊，你不适合住在大海里，湖泊才是你生长的地方呢，那里也许会有属于你的幸福。青蛙告别了大海，向着湖泊奔去，到了湖泊，它快活地跳进去，自由自在地游啊，游，但是疲惫的时候却找不到一处可以歇息的地方。这时候青蛙再次看到了海龟，就疑惑地问：你说东海好，可你怎么不待在东海呢？海龟回答：东海虽好，却不适合我，西湖虽小，我却乐在其中，我喜欢这里的一切，因为这里有我的幸福。青蛙听了，似乎明白了什么，它又起程了，向着那口井，寻找属于自己的幸福生活……

离开水井的青蛙虽然拥有了大海的浩瀚，却失去了健康的身体；虽然获得了湖泊的自由，却失去了在狭小空间生活的栖息之地。当青蛙离开原本适合自己生存的水井后，才发现自己生活得并不像预期的那么幸福。它原本是想获得比原来更多的幸福，然而适得其反的是，它不但失去了原来的幸福，随之而来的是更大的痛苦与烦恼。其实，别人的幸福未必适合自己，别人的幸福也可能是自己的地狱。

人生活在世间，就是为了寻找幸福而来的。在这个喧嚣纷繁的社会，幸福或不幸福的人们，都在奔波的脚步中寻找着那份说不清道不明的幸福。生活中，烦恼如疾驰而过的列车，一次一次地将幸福一带而过。痛苦、无奈总是不请自来，使你对生活失去信心，对前途感到渺茫，于是就有人开始寻找幸福。

幸福其实就是一种感觉，是一种对生活超然的体验。不知何时，身边有了太多无奈的叹息、有了太多伤感的眼神、有了太多哀怨的身影。我们不禁自问，难道幸福真的离我们远去了吗？当然不是，只是有时候当幸福来临的时候，我们常常连自己都不知道，就像“不识庐山真面目，只缘身在此山中”一样，我们常常抱怨上天不够怜惜我们，常常想为什么它对我们吝啬得连一点点幸福都不愿给予。

从前有一座寺院，在大雄宝殿的横梁上有个蜘蛛结了张网，由于每天都受到香火和虔诚的祭拜，蜘蛛便有了佛性。经过了500多年后，蜘蛛的佛性大大地增进了。

这一天，佛陀光临了这座寺庙，趁香火甚旺之时，就问蜘蛛：“我们今日相见总算是很有缘，你在此修炼了500多年，有什么真知灼见？”蜘蛛遇见佛陀很是高兴，佛陀问道："世间什么才是最珍贵的?"蜘蛛想后，就回答道："世间最珍贵的东西是'得不到'和'已失去。'"佛陀点头后便离开了。

时间一天一天地过去了，这只蜘蛛一直在寺庙的横梁上加强修炼，转眼间又过了500年，它的佛性大增。一日，佛陀又来到寺里，对蜘蛛说道："你可还好，500年前那个问题，你有什么更深的认识吗?"蜘蛛依然认为世间最珍贵的是"得不到"和"已失去"。佛陀摇头走开了，并对蜘蛛说："你的佛性没有进步，并没有达到我想要的境界，以后我还会再来找你的。"

又一个500年过去了，有一天，忽然间刮起了大风，风将一滴甘露吹到了蜘蛛身上。蜘蛛望着甘露，见它晶莹透亮，很漂亮，顿生喜爱之意。蜘蛛每天看着甘露很开心，它觉得这是1500年来最开心的几天。有一天，大风又刮了起来，不料大风将这只甘露吹得不见踪影了。

在少了甘露的日子里，蜘蛛感到非常无聊。看到蜘蛛难过的样子，佛陀又问蜘蛛说："世间最珍贵的是什么?"蜘蛛想到了甘露，便对佛陀说："世间最珍贵的是'得不到'和'已失去'。"佛陀说："你还是没有改进悟性，就让你到人间走一趟吧。"

佛陀把蜘蛛投胎到一个做官的人家，成了一个富家小姐，名唤"蛛儿"。这时佛陀赐予了她美丽的容貌。一日，皇帝决定在御花园为新科状元甘鹿举行庆功宴席。来了许多妙龄少女，其中还有蛛儿，席间甘鹿表演诗歌赋，大献才艺，在席的姑娘们无不被他的容貌所折倒。但蛛儿知道这是佛陀所赐予自己的姻缘。

等过了两天，佛陀便安排他们在寺院见面了。蛛儿与甘鹿便在走廊上聊起了天。那天蛛儿很是开心，但甘鹿并没表现出对她的爱慕。蛛儿对甘鹿说："你不记得16年前在寺庙中的事情了吗?"甘鹿感到很惊奇，说："蛛儿姑娘，你的想象力未免太丰富了吧。"说罢就离去了。

又过了两天，皇帝下了命令，命甘鹿与长风公主完婚；蛛儿与太子芝草完婚。这一消息对蛛儿来说如同晴天霹雳，她怎么也想不到，佛陀竟然这样对她。几日来，她不吃不喝，生命危在旦夕之时，太子芝草赶来了，对奄奄一息的蛛儿说："那日在后花园中我对你一见钟表情，于是就苦苦央求父王，他才答应。如果你离我而去了，那我活着还有何意义。”说着就拿起了宝剑要自刎。

就在此时，佛陀出现了，对奄奄一息的蛛儿说：“你可曾想过，甘露（甘鹿）是风（长风公主）带来的，最后也是风将他带走的。甘鹿是属于长风公主的，他对你来说不过是生命中的一段插曲。而太子芝草是当年寺庙门前的一棵小草，他看了你1500年，喜爱了你1500年，可是你从来没有低下头来看一看他。”

“蜘蛛，如果我再问你，世间是最珍贵的是什么？”佛陀又拿出1500年前的话题问她。蜘蛛经历了人间大喜大悲后，终于一下子大彻大悟了。她对佛陀说：“世间最珍贵的不是‘得不到’和‘已失去’，而是现在能把握的幸福。”于是，她与太子走上了幸福的道路。

幸福绝大多数是朴素的，它悄悄地开，又静静地落，仿佛山间一朵不知名的野花，很多时候我们都对自己的幸福视而不见，总觉得自己不幸福，而别人的幸福却那么美丽。其实，每个人来到这个世界上都是一种幸福。当你在羡慕别人的时候，你自己也是别人眼中的风景。与其浪费精力羡慕别人的幸福，不如积极地去寻找属于自己的那份幸福。寻找并抓住幸福，听起来有些不可思议，但只要我们不吝啬感受，幸福就会被我们牢牢攥在手中。

一位阅历丰富的老者曾这样说道：“这个世界很大，有很多人，也有很多幸福，人呢，不能什么都要，只要抓住那属于自己的幸福就可以了。”每个人对幸福的理解都不一样，每个人想要的幸福也不尽相同。属于你自己的幸福到底是什么？这想必只有你自己知道。那就迈开你的脚步，去寻找属于你自己的幸福生活吧，找到后，记得抓紧它，别让它溜走！

幸福的模样，就像天边变幻的云彩

我们总喜欢给自己的幸福想象出一个模样，当我们为了那个自以为很诱人的幸福模式而不懈追求时，却往往遗落了幸福的本质，其实，幸福就像天边的云朵，变幻莫测。

柏拉图问苏格拉底："什么是幸福？"

苏格拉底说："想知道幸福是什么样子，就请你穿越这片田野，去摘一朵最美丽的花回来，请你记住，你只有一次机会。"

于是，柏拉图真的去摘最美丽的花了。许久之后，他回来了，手里捧着一朵艳丽的花。

"这就是你摘的最美丽的花吗？"苏格拉底问道。

柏拉图回答说："当我穿越田野的时候，我看到了这朵美丽的花，就认定它是最美丽的，于是我就摘下了它，后来我看见很多很美丽的花之时，我依然坚持我所拥有的这朵花是最美丽的，所以我把最美丽的花摘来了。"

"这，就是幸福。"苏格拉底意味深长地说。

柏拉图找到了自己最想要的东西，就是找到了幸福。幸福，很多人都向往，很多人都在追求，然而，很多人在享受时却不知道，能享受时却不去享受，是因为他眼里的幸福太过复杂。

其实，幸福很容易获得，也很常见。孩提时候，幸福是和爸爸妈妈、弟弟妹妹围坐一圈，吃一顿晚饭；是春节时的一件新衣、一双新鞋；是大年三十热腾腾的饺子；是在爸爸妈妈怀里嬉闹玩耍的愉悦；是在大树上爬来爬去的快乐……恋爱时，幸福是和喜欢的人一起看流星雨；是一起撑着伞在雨中散步；是下雪天，彼此在雪地上留下的串串脚印；是昏黄的路灯下，彼此相拥的温暖……婚后，幸福是下班回家后对方嘘寒问暖的关怀；幸福是那个怀在肚中 10 月的小生命呱呱坠地时，看着他皱巴巴的小脸，寻找与自己相似之处时的专注；幸福是因为某事大发脾气后两个人小心翼翼地道歉；幸福是看着家人一起聊天时的温馨……

幸福有时和物质有关，但却没有物质标准。当你饥饿难耐时，有一个馒头就会非常开心；当你口干舌燥之时，一碗白开水你也会觉得太爽了；当你迷失在野外时，有一堆干草可以取暖就会很舒服，这都是幸福。

其实，幸福并不遥远，只要你有一颗感恩的心，你就会发现，每一天都有让你感觉幸福的事，生活的点点滴滴都是幸福!判定是否幸福的标准其实就在每个人的心中。

晓华和晓萍是一对姐妹，晓华嫁给了一个有钱的富商，晓萍则嫁给了清贫的工人。很多人都觉得晓华嫁得很好，这辈子有享受不完的荣华富贵，生活一定会过得无比幸福；晓萍家经济条件差，丈夫又憨厚老实，婚后一定得吃苦，都不禁替晓萍惋惜。

婚后一年，姐妹俩回到娘家。晓华的确华贵富丽，但是，华丽的外表却掩盖不住凄凉寂寞的内心；晓萍衣衫素淡，但她一脸的笑容，暖洋洋的，所有人都能感受到她的幸福。

吃饭的时候，姐妹俩都很高兴。晓华说："好久没这样开心地吃过一顿饭了。你姐夫整日忙着应酬，一年下来没有几顿饭在家里吃。即使每天餐桌上都摆满山珍海味，我也吃得不开心。"

晓萍说："每天我都要等他回家一起吃饭，每次我们吃饭的时候，他总是将最好的菜夹到我的碗里。有时，我将有肉的菜端到他的跟前，他也会悄悄换过来，并笑着说，我太胖了，需要减肥，还是你多吃点儿肉吧，身体养好了才能给我生个大胖儿子啊……"

幸福没有固定的模式，现在很多女人的幸福模式就是找个有钱的男人嫁了。幸福的指数真的与男人拥有金钱的多少成正比吗?幸福是什么?幸福就是你从内心深处感受到的来自对方的关爱；幸福就是他拥有得不多，却愿意把最好的给你；幸福就是他能让你开心，而不是将你金屋藏娇；幸福就是当你站在街头伤心哭泣时，他把你揽入怀中，给你最温柔的安慰；幸福就是一个眼神、一句话语，能够让你的心里微微感到甜蜜，淡淡的，但一定是最真实的。幸福确实与金钱会有一定的关系，但它们绝对不能画等号。

白领们的幸福模式就是有车有房，可是他们没有想过人生的幸福不一定是从房子、车子中获得，尽管那的确非常重要，可是为车房奋斗了大半辈子，失去了健康、失去了亲人的关怀、失去了尽孝的机会实在是得不偿失。很多“房奴”、“车奴”们在临近老年才走出“牢笼”，然后面临的是家庭不再圆满、子女愈加叛逆、夫妻关系紧张……很多人甚至因此孤独终老，这又有什么意义？

幸福是一种精神享受、是一种愉悦的感觉、是一种心境。幸福需要去发现，心态不好的人最不容易获得幸福。如果你不曾有幸福的感觉，或者很少，那一定是你自己的问题，你必须调整好自己的心态。不要希望别人给予你幸福，别人可以强加给你不幸，却绝不可以强加给你幸福。

幸福不需要金钱的粉饰，不需要美丽的光环，无论你是贫穷还是富裕，你都可以得到幸福，即使幸福不会说话，它也总是无声地待在你的身边，只要我们放慢前进的脚步，用心去倾听，你就会发现，其实得到幸福是那么容易。

擦亮你的眼睛、涤净你的心灵、宽阔你的胸怀，亦或你身处逆境，幸福也会随时陪伴在你的左右。

第5章 改变不了世界，就改变看法 淡然的人生不固执

生活会在我们的人生道路上设下许多障碍，人们一直认为坚持是一种美德，只要我们坚持不懈，就一定会成功，放弃和坚持也只在一念之间，果断地作出决定，坚持该坚持的，放弃该放弃的，才能彻底斩断内心的纠结，才会活得更洒脱，重新获得一个全新的自己，找到自己的心灵归属。

其实，人生不需要无谓的坚持。在生活中遇到难题、事业上出现瓶颈的时候，我们不妨放下固执，学会另辟蹊径，我们就会发现自己往往会在变通中寻找到出口，淡然的人生不固执。

改变世界从改变自己开始

这个世界，不会尽如人意，有时难免会让我们失望，你改变不了过去，但你可以改变现在；你想要改变环境，就必须改变自己。

在威斯敏斯特教堂地下室里，英国圣公会主教的墓碑上刻着这样一段话：

当我年轻自由的时候，我的想象力没有任何局限，我梦想改变这个世界。

当我渐渐成熟明智的时候，我发现这个世界是不可能改变的，于是我将眼光放得短浅了一些，那就只改变我的国家吧！但是我的国家似乎也是我无法改变的。

当我到了迟暮之年，抱着最后一丝努力的希望，我决定只改变我的家庭、我亲近的人。但是，唉！他们根本不接受改变。

现在在我临终之际，我才突然意识到：如果起初我只改变自己，接着我就可以依次改变我的家人。然后，在他们的激发和鼓励下，我也许就能改变我的国家。再接下来，谁又知道呢，也许我连整个世界都可以改变。

这段墓文令人深思。大文豪托尔斯泰也说过类似的话："全世界的人都想改变别人，就是没人想改变自己。"命运对每个人都是公平的，就看你有没有把握住自己的人生。

虽然很多时候我们都说成事在天，但不是还有一句话叫谋事在人吗？命运在我们手里，命运可以由我们自己去改变，然而，改变命运最重要的是先改变你自己，当你拥有站在某一个高峰的能力的时候，当你先把自己改变的时候，你才可以看清一直在你身边徘徊的机会，抓住它，命运也就随之改变！所以，有的人用力量让自己抓住了命运的手；有的人虽然最初与命运擦肩而过，但是他们改变了自己，又让命运转回了微笑的脸。

很多时候,我们都会说这样的话:要是他这样就好了。“己所不欲,勿施于人。”其实,我们又有什么权利要求别人为自己而改变呢?在这个世界上,是你去适应环境而不是环境来适应你,如果我们适应不了这个世界,那么就要改变自己,不然你就会面对被世界淘汰的危险。

美国百万圆桌会议终身会员、荣获日本天皇颁赠的“四等旭日小绶勋章”、被誉为推销之神的原一平,他小时候其实是个脾气暴躁、调皮捣蛋、叛逆顽劣、被乡里人称为无药可救的“小太保”。

有一天,他来到东京附近的一座寺庙推销保险。他口若悬河地向一位老和尚介绍投保的好处。老和尚一言不发,很有耐心地听他把话讲完,然后以平静的语气说:“听了你的介绍之后,丝毫引不起我的投保兴趣。年轻人,先努力去改造自己吧!”

“改造自己?”原一平大吃一惊。

“是的,你可以去诚恳地请教你的投保户,请他们帮助你改造自己。我看你有慧根,倘若你按照我的话去做,他日必有所成。”老和尚继续说道。

从寺庙里出来,原一平一路想着老和尚的话,若有所悟。接下来,他组织了专门针对自己的“批评会”,请同事或客户吃饭,目的是为了让他们指出自己的缺点。

原一平把大家的看法一一记录下来。通过一次次的“批评会”,他把自己身上的劣根性一点点消除了。与此同时,他总结出了含义不同的39种笑容,并一一列出各种笑容要表达的心情与意义,然后对着镜子反复练习。

他像一条成长的蛹,悄悄地蜕变,终于化茧成蝶。他成功了,并被日本国民誉为“练出价值百万美金笑容的小个子”,美国著名作家奥格·曼狄诺称他为“世界上最伟大的推销员”。

“我们这一代最伟大的发现是,人类可以由改变自己而改变命运。”原一平用自己的行动为我们印证了这句话。许多人告诉我们,命运掌握在自己手里,我们无法选择自己的出身,无法选择自己的血统,但是我们可以通过自己的努力改变命运。相信在遇到无数挫折以前我们都深深坚信着,我们一定可以改变自己的命运。可是许许多多的人在面对现实的一次次无情打击下,失去了对抗命运的信心,低头认命，并且开始怀疑我们曾经所坚信的一切，开始把所有一切的失败都归结于一句话："这就是命啊!"

对于命运，我们真的可以由自己改变吗?可以很明确地告诉你，是的，自出生的那一刻，上帝让我们拥有的东西就像是随即抽选的双色球。有的人一出生便抽到了获得大奖的那张彩票，而更多的人则是时运不济。然而，有一样却是我们每个人都有的，那就是我们改变命运的权利。

在篮球场上创造了神话的男人艾弗森，出生于贫民窟的他最终通过自己的努力，让世界为他的名字而疯狂。当选了美国总统、印证了美国梦的奥巴马，犹如一个传奇让人们为之激动不已。也许你不能改变别人、改变世界，但你可以改变自己，因为只有自己才是完全受自己支配的。要想获得幸福、成功，就要从改变自己开始。

坦然接受无法改变的现实

理想很丰满，现实很骨感。我们总会为自己编织一个完美无缺的梦，但梦终究是梦，它终归会埋没在现实的洪荒中。面对无法改变的现实，我们只能坦然地接受，才能笑看人生。

已故的美国小说家塔金顿常说："我可以忍受一切变故，除了失明。我决不能忍受失明。"可是在他60岁时候，医生却告诉了他一个残酷的证实：他即将失明。有一只眼差不多全瞎了，另一只也接近失明，他最恐惧的事终于发生了。

塔金顿面对着无法改变的事实，没有怨天尤人，他坦然地接受，并积极地接受治疗。"完全失明后，塔金顿说："我现在已接受了这个事实，也可以面对任何状况。"

为了恢复视力，塔金顿在一年内得接受12次以上的手术，而且只是采取局部麻醉。他甚至放弃了住私人病房，和病友们住在大众病房，并且幽默地逗病友们开心，以助他们康复。当他必须再次接受手术时，他提醒自己是何等幸运："多奇妙啊，科学已进步到连人眼如此精细的器官都能动手术了。"他还说："我不愿用快乐的经验来替换这次机会。"这种坦然面对苦难的生活方式，终究成就了他不朽的人生。

人生的天空既有风和日丽，也有风雨交加，我们的人生旅程中会出现许多意外，当我们的人生轨迹出现偏差的时候，一味地埋怨现实只会让自己陷入无以复加的烦恼中。面对上天给我们的考验，我们要微笑着去迎接它，才能轻松地打败它。

当真正面对苦难这种事情的时候，其实每个人都能接受，就像本以为自己决不能忍受失明的塔金顿一样，因为学会了接受，学会了去改变这个事实，所以，他的人生并没有因此而成为灰色。

许多残酷的现实是我们无法回避、无法选择和无法改变的，面对这些现实，我们要学会坦然接受。接受不可改变的现实，不是逆来顺受，向上天屈服，也不是不思进取、安于天命，而是一种积极的、顺其自然的人生态度。

对于无奈或不可改变的事，完全可以换一种思路考虑：不同的人有不同的人生，不同的人生有着不同的苦辣酸甜、不同的喜悲得失，这个世界本就是多姿多彩的，每个人都有不一样的特长、不一样的身世、不一样的家庭、不一样的学习和成长环境，没有必要因为自己在某些方面比别人差而讨厌自己，因为自己身上一定还有许多别人所不具备的能力或特长，只是没有发现或没有找到合适的机会施展罢了。如果懂得接受自己、懂得珍惜身边的一切、懂得理解和尊重客观现实，就能找到真正属于自己的成功之路，同时也可以在这条道路上体验到真正的快乐与幸福！

一位名人曾经说过："有所作为是生活的最高境界，而抱怨则无所作为，是逃避责任、是放弃义务、是自甘沉沦。"不论我们遭遇什么样的处境，如果只是喋喋不休地怨天尤人，那么注定于事无补，反而会把事情弄得更糟，相信这也决不是我们的初衷。无论如何，我们都不应该怨天尤人，而是坦然地面对现实，用上天所赋予我们的力量去努力、去奋斗，从而改变自己的生活并获得幸福。

飞速行驶的列车上，有一位老人刚买的新鞋不慎从窗口掉下去了一只，周围的旅客无不为之惋惜，不料老人把剩下的一只也扔了下去。

众人大惑不解,老人却坦然一笑说:“鞋无论多么昂贵,剩下一只对我来说就没有什么用处了。把它扔下去,就可以让拣到的人得到一双新鞋,说不定他还能穿呢。”与其抱残守缺,不如果断放弃,坦然面对失去。老人的这种心态令人顿生敬意,也发人深思。

坦然面对失去,需要及时调整心态,首先要面对现实、承认失去,不能总沉溺于已经不存在的东西之中。得到和失去其实是相对的。民间安慰丢失东西的人总是说:“旧的不去,新的不来。”事实正是如此。与其为了失去的东西懊恼,不如全力争取新的得到。

坦然面对失去,就是胸襟更豁达一些、眼光更长远一些,经常为自己整整枝,打打杈,排除那些不必要的留恋与顾盼,以便集中精力于人生的主要追求。

当你能够坦然面对这些后,你会发现,原来心理的纠结不过是幻象,只要你想打破它,那么人生中的一切波折都不是问题。只要你能走出这一步,你就会感到:其实生活没有想象得那么糟,我没了眼睛,但还有耳朵,并且听力异常出众;我丧失了双腿,但我还有双手,它是那么灵巧;我丢了工作,但我从此不必总是忙碌,可以享受家庭的温馨!即使死神要夺走我的生命,但我的一辈子无怨无悔,这就是我生活的意义!有了这样的心态,那么无论生活多么不公平,你也不会有什么好忧愁的了。

面对现实,并不等于束手接受所有的不幸。只要有任何可以挽救的机会,我们就应该奋斗!但是,当我们发现情势已不能挽回时,我们就最好不要再思前想后,拒绝面对。要接受不可避免的事实,唯有如此,才能在人生的道路上掌握好平衡。

在这个世界上,每个人都不可能事事顺心、处处如意。如果终日因为那些自己根本不可能改变的客观环境而怨天尤人,就根本没有办法也没有时间感受那些原本属于自己的快乐,更不用谈追寻自己的理想和兴趣了。因此,无论是在生活上还是在工作中,只要尽了自己的全部努力,就应该对自己表示满意,并尽量享受其中的乐趣。对于每一个人来说,这种冷静、豁达和务实的态度尤为重要。

放弃也是一种美德

放弃,有时候也是一种选择。它像秋天的落叶,孕育了春天的希望;它像蜕变的蛹,只有放弃旧裳才能拥有美丽的翅膀;它更像一种崭新的开始,是另一种生活的选择……放弃并不意味着失败,人生本来就应该在追求之中放弃,在放弃中追求。

有一个师父和一个徒弟出外游历。走到半路上,突然有一棵大树倒下来,横倒在路中间,使得人和车很难通行。师徒二人就想将大树移开,好让路上的车辆、行人通过。可是因为树木太重了,师徒二人合力移着这棵树,累得气喘吁吁,汗流浃背,好不容易把那棵树移到路旁。徒弟心情很轻松地对师父说:“师父,这棵树这么重,移着它太辛苦了,还是尽早放下来比较轻松!”师父就借机会对徒弟启示说:“我们心中的执著比这棵树更重,我们扛了一辈子都不觉得累。如果有一天我们能将妄想与执著放下,那才能获得真正的轻松。”

佛说:“人之所以痛苦,在于追求错误的东西。”生在人世间,我们往往执著于追求金钱、名利等世俗的东西,以为得到了这些就能得到快乐,结果所得到的都只是暂时性的,痛苦往往会随之而来!所以我们对于执著,要学会慢慢地放下。对人来说,执著就等于扛着一个很重的东西,所以我们活得很辛苦。譬如,很多人执著于对金钱的狂热追求。追求金钱无可厚非,但是不能以牺牲健康和道德为代价,否则就是一种错误的追求。错误的追求只能让你不堪重负、苦不堪言,比如追求错误的、不切实际的理想。

很久以前,有一片广袤无垠的田野,土地肥沃,水草丰美。为了更好地灌溉庄稼,当地的农民在这里挖了两条河,一条小河,一条大河。刚开始,小河和大河都勤恳地灌溉，因此两岸庄稼年年获得大丰收。可是有一天，大河忽然有了一个想法，它想去看看大海。这个想法一出来，就再也按捺不住了：“我是大河，怎么能和那条小河一样，老死在这穷乡僻壤的乡野之地呢？”于是，大河使出浑身的力量，一浪接着一浪地冲向远方。大河是坚韧的，它克服了重重困难，冲破了许多阻挠，它离自己的目标越来越近了。当它回头再看小河时，不由得生出一分悲悯之心：“唉，小河啊！你也太没有追求了！”

遗憾的是，终于有一天，大河一头扎进了无边无际的沙漠里，它那点水分很快就蒸发完了。由于没有了水，所以没过几年，河道就被填平了。

而那条小河依然勤勤恳恳、任劳任怨地灌溉着两岸的庄稼，为两岸农民的丰收立下了汗马功劳。为了获得更多的水源来灌溉庄稼，人们又把小河的河道拓宽了，比原来的大河还要宽好几倍。小河周围整天热热闹闹的，有浣衣洗菜的农家妇女、有洗澡嬉戏的孩童、有泛舟垂钓的游客……

又经过几代人的传承繁衍，小河被当地人称作“母亲河”。而当初的那条大河，早已寻不到半点踪迹了。

在这则寓言中，大河定下的目标太过远大，它忘记了自己不过是一条乡野的内陆河，却好高骛远、异想天开地去看大海；而小河立足于本职、立足于现实，所以最终实现了个体的价值。由此可见，看不清自己，执著于追求错误的东西不仅会徒劳无功，还会让自己痛苦不堪甚至伤痕累累。所以说，追求要适度，要符合自身的实际情况。

佛说：“我们的痛苦、轮回，其实我们很冤枉，我们可以不必在六道中浮沉，只要我们有决心，就能够脱离六道轮回。我们今天轮回得很冤枉，因为我们放不下错误的执著。”的确如此，在这个世间，我们往往拼命去追求和拥有很多东西：金钱、名誉、地位……可是到头来，我们一样也没有。正如佛所说的：“其实我们并没有拥有金钱、名誉、地位，我们真正拥有的，最后只是痛苦、失望、伤心。”

佛理告诉我们：我们出生的时候两手空空，什么也没带来，我们死后同样是双手空空，什么也带不走。如果能明白这个道理，放下对错误东西的执著与追求，我们就能回归清净的本性，轻松生活。

人生，不要无谓的坚持

我们不能否认执著对人生精神的推动作用，但也应看到，在一个经常变化的世界里，灵活多变的行动比有序的衰亡好得多。其实，在生活中，放下固执、懂得变通也是一种智慧。

太行和王屋两座大山方圆700里，高达几万尺，愚公的住处正对着这两座大山，为了出入方便，他下定决心用尽一切力量去搬掉这两坐大山，他带领一家人，不论酷热的夏天，还是寒冷的冬天，每天起早贪黑挖山不止。他对笑话他的智叟说："我虽然快要死了，但是我还有儿子，我的儿子死了，还有孙子，子子孙孙，一直挖下去，无穷无尽。山上的石头却是搬走一点儿就少一点儿，再也不会长出一粒泥、一块石头了。我们这样天天搬、月月搬、年年搬，怎么会搬不走山呢?"故事的结尾说愚公移山的诚意为天帝所感动，派遣两名神仙到人间去把这两座大山搬走了。

千百年来，愚公的做法被大多数人所称颂，他们认为其忘可嘉。但是，愚公那种不畏艰险的品质固然可敬，他的做法却正如智叟所说的是愚不可及。他太过固执，是不懂变通的迂腐。

作为万物之灵长的人类，要生存、要成功，就必须靠智慧，而不是靠蛮力。其实，我们只要动动脑筋，就不会做出移山的无望之举。要想出入方便，也大可不必率子孙去移山，我们可以搬家，搬家容易还是移山容易?当然是搬家容易，这是一个3岁小孩都可以回答出来的问题，而愚公却舍易求难，作为旁观者，我们真的无法理解。因此，有人作诗评价愚公移山："常佩愚公志不还，却疑所持过弥坚。门前只待通渠壑，何故偏移两座山?"

也许有人会说："愚公最后不是成功了吗?"可是，他的成功并不是靠他的蛮力完成的，而是靠外界的力量。面对一些无望的事，我们要学会放弃，不能存下侥幸心理，也期望像愚公一样得到神仙的帮助，神仙只是传说，我们在生活中只能靠自己，有的事，我们无力做到，那么我们就做到放下，放下了才能让心灵得到放松，才能腾出时间做该做的事，从而有益于社会。

生活中常常会出现这样的人，他们不知道为什么一直纠结在一个问题上死不放手，整天把自己弄得像个陀螺一样团团乱转，却终究一事无成，还把自己的生活弄得一团糟……身为旁观者，我们无法了解他们的那种坚持，其实，生活从来都不是直线，有时，我们放掉无谓的坚持，反而会海阔天空。

生活中我们常常会遇见异常固执的人，固执分两种，一种是还未认识到自己不对，另外一种则是明知自己不对，但却拒不认错。前者造成的失误或者失败情有可原，但如果是后者，我们就不能继续欺骗自己和别人，要勇敢地面对过失，改正我们的过失。人生很多的挫折与失利，都是过分固执造成的。谁都难免有这样或那样的缺点和错误，有了错误，要及时纠正自己，亡羊补牢，为时不晚。否则，认识不到自己的错误，或者明明知道自己错了，但是碍于面子不愿承认，打肿脸充胖子，就会陷到固执的泥淖之中。要知道生活中值得我们追求的东西很多，所以，我们不能一味纠缠在那些毫无意义、毫无结果的事情上，这样只会浪费我们的时间和生命。

阿牛和大志是邻居，他们住在一个小村庄里，平常他们去山里干活总会搭个伴。

有一天，他们又一起去山里干活，却意外地发现了两大包棉花，他们欣喜万分，将这两包棉花卖掉，足以供家人几个月的衣食。当下两人各自背了一包棉花赶路回家。

走着走着，大志看到山路上扔着一大捆布，走近细看，竟是上等的细麻布，足足有10多匹。他欣喜之余，和阿牛商议要一同放下背负的棉花，改背麻布回家。

阿牛却不同意，认为自己已经背着棉花走了一大段路，到了这里才丢下棉花，岂不枉费自己之前的辛苦？坚持不愿换麻布。大志只得一个人尽力背起麻布，继续前进。

又走了一段路后,大志望见林中闪闪发光,走近一看,地上竟然散落着数坛黄金,心想这下真的发大财了,赶紧劝阿牛放下肩头的麻布及棉花,改用挑柴的扁担挑黄金。阿牛仍然不愿丢下棉花,理由还是以免枉费辛苦,并且疑心那些黄金不是真的,劝他不要白费力气,免得到头来一场空欢喜。

大志只好自己挑了两坛黄金,和阿牛赶路回家。走到山下时突然下了一场大雨,两人被淋了个湿透。更不幸的是,阿牛背着的大包棉花吸饱了雨水,再也背不起来了,而且棉花也坏了。

不得已,阿牛只能丢下一路辛苦舍不得放弃的棉花,两手空空地和大志回家去了。

一个机智的人可以灵活运用一切他所知的事物,能在恰当的时间内把应做的事情处理好,这不只是机智,也可称之为艺术。聪明人与傻子的区别在于,聪明人懂得变通,懂得何时该坚持、何时该放弃、何时应改变。而傻子却只懂得顽固地坚持、一成不变地固守,就像故事里的阿牛和大志一样。

有的时候,如果目标正确、方法对头,这种顽固倒应该获得世人的认同甚至赞美。其实,现实生活中"傻人有傻福"这句话,更多的是一句善意的安慰、一种自欺的借口。人们更赏识的话是"识时务者为俊杰"。过分地执著就是固执,固执不是坚忍,而是愚蠢。在很多时候,我们都要学会放弃固执,变通行事。有许多满怀雄心壮志的人毅力很坚强,但是由于不会进行新的尝试,墨守成规、固执己见,因而无法成功。

人生从来都不是一帆风顺的,我们总是会遇到各种各样的问题,如事业遇到瓶颈、如爱情遇到危机、如人生陷入低谷……此时一个念头的转变将会影响你的一生。这也是为什么有些人在遭遇背叛以后选择了两败俱伤,有些人则选择了重新开始的原因。不是后者比前者更具备什么精神,而是他们更懂得人生在有些时候是需要学会拐弯的,坚持有的时候也会变成害了自己的武器。

给自己的心灵放个假

在生活中，我们时常会叹息生活太沉重，累得我们疲惫不堪，几乎要迷失方向。有时候还会禁不住地问自己：是自己缺少真正的热情与精力去承受生活，还是生活本身就是如此沉重呢？其实，只要我们学会放下烦恼和琐碎，给自己的心灵放假，一切就会简单、快乐。

艾玛是一个青年作家，有一次，她应邀去另一个城市参加一个重要会议。

到了那个地方，艾玛被安排在一个没有电梯的宾馆，从一楼到五楼之间上下了六七趟，几趟下来，感觉腿脚发麻、浑身无力。而与她一同参加会议的一位年迈的老太太却大气不喘、精神焕发。

艾玛与老人闲聊后才知晓她已经有七十高龄，是这次会议的特邀嘉宾。这么大的年龄还有这么好的身子骨和精气神实在令艾玛十分佩服，于是向她讨教养生秘诀。

老人说："我的秘诀就是：忧愁穿脑过，梦在心中留，对什么事情都不去苛求，不让自己活得太累。"

在谈到自己的梦想时，老人说，自己在生活中与人无争，与己有求，但不过分苛求。我根本不想做名人，不想当明星，只想做个有所为又有所不为的文学爱好者。在自己30多岁的时候，当明白自己一生所要的不过是清清淡淡一碗饭后，就主动放下了许多事情，让每天的生活不闲着，也不劳累，早上起来跑跑步，白天读读书，晚上有空写写字，从来都是睡得甜、吃得香，从不为什么事情去担忧。然而，正是这种看似平淡的心境，才让自己能够沉淀下来，静下心来，为自己创造了极好的创作空间，最后才成为一个了不起的作家。

这位老人的乐观豁达，与己有求，但又不故意苛求，这是她健康长寿，并且成为了获得成功的重要因素。现实中的我们，不论年轻也好，年老也好，每个人心中都应该有一个照亮心灵的梦想，但是，对于梦想不要过于苛求，不必为自己制订什么硬指标，比如每月一定要给自己制定完成梦想的具体额度、几年之内要做到什么位置、一生要留下多少财富等等。这样就是对自己的苛求，是与自己叫板，与自己过不去，那样的话只会让自己活在劳累和疲惫之中。

走在路上，看到行色匆匆的行人，他们眼神空洞，眉间带着流露出一丝疲惫，这一张张麻木的脸让我们体会到我们真的应该给自己减轻一些压力，不要给自己的心灵建上一座牢固的监狱，我们要让那些痛苦与忧虑远离我们，还给我们一个纯洁本真的心灵。我们要知道，世界上最终能够攀上珠峰的毕竟是少数人，只要根据自己的能力，坚守自己的梦想，抱着一种顺其自然的心态去追求，只要为此付出努力了，就能够问心无愧，就能够知足，这样才能让自己感受到追求梦想过程的快乐与幸福。

爱琳·詹姆丝是美国著名的作家，她的一生都倡导人们要过一种简单的生活，她认为只有简单地生活才能活出自我来。

爱琳·詹姆丝在年轻的时候不仅是个作家，还是一个投资人兼一个地产公司的投资顾问。她在努力奋斗了十几年后，突然有一天，她坐在自己的办公桌前，呆呆地望着这些写满密密麻麻事宜的日程安排表。这时候，她的内心被触动了一下，她意识到自己再也忍受不了这张令人发疯的日程表了。自己的生活确实太过复杂了，用这么多乱七八糟的事情来将自己清醒的每一分钟都塞得满满的，简直就是对自己的一种折磨，也是一种极为疯狂愚蠢的生活。也就是在这个时候，她终于作出了一个决定：要开始摒弃那些无谓的忙碌，给自己的心灵放个假。

于是，她就开始着手给自己列出一个清单来，将那些需要从自己的生活中清除的事情都罗列出来。然后，她采取了一系列“大胆”的行动：取消了当日所有的电话预约，并将堆积在办公桌上所有读过或没有读过的报纸和杂志全部都清除掉。她也注销了自己的全部信用卡，为了不让每个月份收到的账单函件打扰自己。

就这样，她通过改变自己的日常生活与工作习惯，使她的房间与庭院的草坪变得更加简约、整洁。原本她每日的清单总共有80多项内容，经过她的清除后，变为了10多项内容。将自己的日程化繁就简后，爱琳·詹姆丝得到了许多空闲的时间，心灵也得到了休整，整个人快乐了许多。

爱琳·詹姆丝在自己的作品中说："我们的生活已经太过复杂了。在我们今天这个历史进程中，从来没有像我们今天这个时代拥有如此多的东西。这些年来，我们一直被外在太多的物欲诱导着，我们误以为自己只要努力就一定会拥有一切东西，但是，这些东西事实上却使我们沉溺其中并且心烦意乱，因为它们使我们失去了创造力。与其这样忍受折磨，不如舍弃这些东西，给自己的心灵多腾出时间来休个假，这样才能使我们的创造力永远旺盛。"

在现实生活中，我们也可以像爱琳·詹姆丝这样，在忙碌的时候停下来反思一下自己：每天有多少事情是不得不勉强去做的？追求外在的舒适和烦琐地例行公事是否让你的生活也落入浪费时间、浪费精力的陷阱中呢？

其实，如果我们能及时减少那些程式化的活动，并不会因此而减少让自己心灵获得快乐的机会。这些工作使我们表面看起来是有所追求、是积极向上的，但是仔细分析过后才突然发现，我们陷入了为忙碌而忙碌的怪圈之中。为了不承担懒惰、消极的恶名，或者为了一些外在的可有可无的消费享受，我们不得不将自己支使得团团转，这实在是一种极为错误的心态。

我们时常感觉到生活充满了压抑，除了我们给自己额外增加了一些不必要的工作之外，我们心灵的重负更是让我们活得很累的元凶。很多时候，我们总是活在我们自己给自己套的精神枷锁里，让我们仅有的一点空闲时间都被失意和伤心占据，所以，那些忙碌的人们以及生活中喊"累"的人是该清醒一下了，只要你能静下心来仔细分析一下，就会发现很多东西是需要我们放下的。摒弃那些多余的东西，才能让自己不迷失方向。

学会放下的智慧

生活给予我们每个人的都是一座丰富的宝库,但你必须学会放弃,选择适合你自己拥有的,否则生命将难以承受。

在艾尔基尔地区,有一种猴子会经常跑到山下的农田里去偷庄稼。其实,这些猴子也是为了维持自己的生计才不得已到农田里去偷庄稼的,它们是为了能给自己储备点儿粮食。

农民们为了保护庄稼,发明了一种特殊的捕捉猴子的方法:将一个细的瓶颈、大口的瓶子容器中放些玉米进去,这些瓶子的颈刚好能让猴子的爪子可以伸进去,但是当猴子一旦手中拿着玉米攥上拳头就出不来了。

利用这个方法,农民们捕到了很多猴子。每晚他们都将这个瓶子放在村口,第二天早晨起来,就能看到一些紧握拳头的猴子在那儿在与那个瓶子较劲,但是不管手怎么挣扎就是出不来。其实,如果这些猴子能够放下手中的玉米,是完全可以逃走的,但是,它们因为偷到了玉米,却怎么也不肯松手,到最终只有被捕了。

猴子之所以落得个束手就擒的下场,是因为它们不肯放下到手的食物。这个故事让我们懂得了一个深刻的哲理:面对选择,如果缺乏放下的勇气,我们就会像猴子一样为自己套上沉重的枷锁,最终因为不肯放下而被俘虏。

在这里,我们可能会笑猴子的贪婪:只要把手里的东西放下,不就可以全身而退了吗?为什么还死死地抓住不放,让人捉到它呢?其实,在生活中,我们人类何尝又不是如此呢?

在生活中,常常遇到一些不顺心的事,例如:失恋,误解,做错事而受到别人的指责……有些人就会在心里总解不开、放不下,往往会感到很累,无精打采,不堪重负。如果我们能够及时放下，缠绕我们内心的绳索不就自动解开了吗？只有放得下，才能让我们轻装前进，才能“拿”起更多。

泰戈尔说过这样一句话：“世界上最好的事就是一笑了之，不必用眼泪冲洗。”人生在世，就要学会放得下。放下失恋的痛楚、放下屈辱留下的仇恨、放下心中所有难言的负荷、放下费尽精力的争吵、放下对权力的角逐、放下对虚名的争夺……放下该放下的，就会获得另一番风景。

法国哲学家、思想家蒙田说：“今天的放弃，正是为了明天的得到。”所以，在生活中，我们只有懂得放得下，才能更好地拿得起。

吉姆·特纳在自己40岁的时候，继承了拥有30多亿美元资产的莱斯勒石油公司。当时，所有人都会认为这位新上任的总裁会在自己的有生之年大干一番，好好地为公司做加法，而吉姆·特纳却并没有如人们想象的那样去卖命。

吉姆·特纳先组建起一个评估团，对公司资产做了全面盘点，然后以50年做基数，在资财总和中先减去自己和全家所需、社会应承担的费用，再减去应付的银行利息、公司的硬性支出、生产投资等等，一切评估做完后，他发现还剩下8000万美元。剩余的钱如何用？

他先拿出3000万美元为家乡建起一所大学，余下5000万美元则全部捐给了美国社会福利基金会。人们对他的行为表示了不理解，他却说：“这笔钱对我已没有实质意义，用了它就减去了我生命中的负担。”

在公司员工的印象中，吉姆·特纳从来没有愁眉苦脸、唉声叹气的时候。太平洋海啸，给公司造成一亿多美元损失，他在董事会上依然谈笑风生，说：“纵然减去一亿美元，我还是比你们富有10倍，我就有多于你们10倍的快乐。”当灾难降临到他的头上，他的一个孩子在车祸中不幸身亡，他说：“我有5个孩子，减去一个，我还有4个。”

吉姆·特纳活到85岁悄然谢世，他在自己的墓碑上留下这样一行字：最令我欣慰的是我能在最后几十年为自己做了人生减法！

吉姆·特纳正是因为勇于舍弃，才获得了幸福和快乐。如果他像人们所想的那样，在有生之年大干一番，只“拿”不“放”，那么，他的最后几十年就有可能会在忧愁和痛苦中度过了。

人生在世，有很多东西都舍不得放下：放不下功名、放不下金钱、放不下贪心……这种种的放不下，使得我们如同背着重壳行走的蜗牛一样，活得又苦又累。而只有将这一切都放下，我们才能轻装上阵，赢得人生的成功与辉煌。放下其实是一种投资、是一种成本，经济学上称其为机会成本。在作出某个选择的时候，实际上也就等于投入了这一机会成本。没有成本的投入，又何谈心想事成、梦想成真的“利润回报”呢？

苦苦地挽留夕阳的人是傻子；久久地感伤春光的人是蠢人。什么也不愿放弃的人，常会失去更珍贵的东西。一个亘古不变的真理，拿得起，固然可贵；但放得下，才是人生处世的真谛。

人生在世几十年，做人要拿得起，放得下。世事艰辛，做人就需要拿得起，放得下。拿得起在于不要随波逐流，保持着自我；放得下在于通达世故，使自己免于伤害。只有放得下，才能将拿得起的东西更好地把握住，抓住最重要的东西。只有这样，你的人生才会有一个更美好的结局。

“看不开”是最大的悲伤之源

人世间所有的痛苦源自心中的执念，舍不得放弃就会增加心灵的重负，如果我们过于纠缠于这种重负，我们就会感到痛苦，从而得不到生活的乐趣。

有一天，寺院里来了一个新和尚，住持与他对坐。

大师问：“听说你从前的师父在大悟时说了一首偈语，你还记得吗？”

"当然记得,"新和尚很自信地说,"我有明珠一颗,久被尘劳关锁;一朝尘尽光生,照破山河万朵。"新和尚流畅地背出,不免有些得意。

没有想到的是,住持听了大笑数声,一言不发地走了。

新和尚不明白住持为什么大笑,心里非常愁闷,一连几天都思索着住持的笑,"难道是自己在哪出错了?可是我并没有出错啊。"他自问自答,但怎么也想不出令住持大笑的原因。

终于有一天,他忍不住了,去请教住持那天听后为何发笑。

住持笑得更厉害了,对着一脸愁容的新和尚说:"唉,看来你的心中依然有执念,因为别人的笑而愁苦,一切源自你看不开,其实,笑骂随他去,你就不会如此痛苦了。"

新和尚听了,豁然开悟。

在日常生活中,这种事情也很常见,在很多时候,我们并不觉得自己有错误,却因为别人的一言一行而苦恼。别人的一个眼神、一句笑谈、一个动作都会让我们心不自安,许多莫名的压力毫不客气地向我们袭来,使得我们茶饭不思、睡不安枕,扰乱了我们的正常生活。一切皆因为我们看不开,我们想要自己在别人心中有一个完美的形象,其实,放下这些虚无的东西,我们才会活得自在。

放下才会幸福,放下并不是放下手中的物品,需要放下的是我们的一颗心。换言之,也就是说,如果我们想得开,心灵平稳扎实了,才能安闲优雅,才会感到生活的幸福、生命的美好。1000 个人眼中有 1000 个哈姆雷特,1000 个人眼中有 1000 种幸福,但心灵平静、心无挂碍的那种轻灵的感觉应该是一种公认的幸福。

凡事看得开、懂得放下是一种大智慧。在很多事情上,我们应该知道适可而止、量力而行,把那些高不可攀的目标及时丢弃,这种丢弃并不是畏难,并不是缩头缩尾,而是务实地寻找更为切合自己实际的目标。当我们把那些好高骛远的目标抛弃以后,我们会切实地感受到心灵的轻松和幸福,这是为我们更好地前行所准备的最好的礼物。在物欲面前,我们一定要时时提醒自己,要勇于放下,别老是贪得无厌,因为欲望是个无底洞,放不下的后果只会使自己的精神倍受煎熬。

有一位有名的作家，每天都觉得自己活得很累，总静不下心来去进行创作，他的心里很痛苦。于是，他就向一位智者求教。

作家问道："我不明白，为什么在成功后觉得自己越来忙碌、越来越觉得心累呢？"

智者问道："你每天都在忙些什么呢？"

作家回答："我一天到晚都在忙着应酬、到处作演讲、接受各种媒体的采访……这些事情使我心情烦躁，写作已经成为了我的一种负担。我觉得自己太辛苦了，心也很累。"

智者转身打开身后的衣柜，对作家说："在这一生中，我收藏了许多漂亮的衣物，你试着将它们穿上，就能知道自己为什么会感到心累了。"

作家疑惑地说："我身上穿有衣服，您的这些衣服未必适合我呀！如果我将这些衣物都穿在身上，一定会沉重、会难受的。"

智者回答："你也明白其中的道理，又为何要来问我呢？"

作家感到莫名其妙，就又随口问道："您所说的话，我有点不太明白，您能说得更明确一点吗？"

智者答道："你身上的衣服已经足够，倘若让你穿上更多漂亮的衣服，你会觉得沉重无比。你只是一个作家，为何要去做一些交际家、演讲家要做的事情呢？这不是自讨苦吃吗？"

作家顿悟道：每个人都要追求只属于自己的东西，做一些自己应该做的事情，这样才能得到轻松和快乐啊！

从此以后，作家就辞去了不必要的职务，推却了不必要的应酬，潜心写作，并最终达到了人生创作的高峰，并且再也没有感到过疲惫和烦躁，生活变得轻松和快乐了许多。

生活中，每个人都有自己的追求和欲望，从辩证的角度看，有欲望、有追求并非完全是一件坏事，因为欲望和追求可以激发人的潜能，能够推动我们不停地向前行。但是，欲望如火，可以取暖，亦可以毁人，我们一定要掌握好理智与欲望之间的平衡关系，而不要让欲望成为我们内心的负担。要知道，在很多时候你所追求的东西并不一定是自己真正能够得到的东西，也并不一定是自己心灵深处所真正需要的东西，如果自己盲目去追求，必然会被其所累。

佛说：“今日的执著，终会造成明日的后悔。”如果你执著于错误的东西，内心将无法得到长久的平静，也无法获得长久的快乐。

一个人若过于纠结一个问题不放，他的心中就会产生一种执念，这种执念促使他舍不得放弃过去的，舍不得放弃失去的，舍不得放弃远去的，久久地沉浸于其中而无法摆脱，正是这种看不开造就了人生的悲伤，看不开是人生的悲伤之源。世间最大的苦是自己想不开，让自己的心受苦，我们要能转苦为乐，不要让芝麻绿豆般的小事放在心中而自讨苦吃，才能时时自在。

所以，我们要学会将自己的心灵放开，人在想开的时候，心灵之门是敞开的，什么都看清了，就不怕了，人的恐惧都来自看不清。想开了，恐惧没有了，心情就好了，一好百好，人逢喜事精神爽。在想开的时候，人的目光是盯着光明的地方，生命处于一种开放状态、旺盛状态、我们所看到的一切皆是美景。

但是，我们有的时候会有“一朝被蛇咬，十年怕草绳”的思想，我们吃了一次亏，就觉得这个世界上充满了黑暗，我们的心灵之门也关上了，于是，一切都看不清了。因为看不清而充满了一种戒备、焦虑的心理，心情当然不好。换一个角度思考问题，完全是两种结局、两种心境。所以，当你遇到困难与挫折，甚至严重打击的时候，不要钻牛角尖，不妨换个角度思考，劝解自己看开一些，也许生活中就没有过不去的坎了。

面对曲折的人生要学会转弯

任何事物的发展都不是一条直线的，聪明人能看到直中之曲和曲中之直,并不失时机地把握事物迂回发展的规律,通过迂回应变,达到既定的目标。

美国著名企业家李·艾柯卡在担任克莱斯勒汽车公司总裁时,为了争取到10亿美元的国家贷款以解公司之困,他在正面进攻的同时,采用了迂回包抄的方法。

一方面,他向政府提出了一个现实的问题,即如果克莱斯勒公司破产,将有60万左右的人失业,第一年,政府就要为这些人支付27亿美元的失业保险金和社会福利开销，政府到底是愿意支付这27亿美元还是愿意借出10亿美元极有可能收回的贷款?另一方面,对那些可能投反对票的国会议员们,艾柯卡吩咐手下为每个议员开列一份清单，清单上列出该议员所在选区所有同克莱斯勒有经济往来的代销商、供应商的名字,并附有一份万一克莱斯勒公司倒闭,将在其选区造成的经济后果的分析报告,以此暗示议员们,若他们投反对票,因克莱斯勒公司倒闭而失业的选民将怨恨他们,由此也将危及他们的议员地位。

这一招果然很灵,一些原先强烈反对给克莱斯勒公司提供贷款的议员闭了嘴。最后,国会通过了由政府支持克莱斯勒公司15亿美元的提案,比克莱斯勒公司原来要求的多了5亿美元。

在人生的单行道上,不会一直畅通无阻,当我们的人生遇到瓶颈的时候,我们要懂得转弯,只有一股向前的闯劲只会让我们头破血流。

在生活中,我们难免会因为一些竞争而与对手针锋相对。矛盾也许不可避免,但是我们没有必要跟对手斗个你死我活。如果真的躲不过去,也不要跟对手硬拼,要懂得利用智慧和技巧，在方法上取胜。聪明的人懂得在危险中保护自己，而愚蠢的人喜欢依靠蛮力，即便耗掉自己全部的精力也要与对手拼个高下，弄得自己没有回旋的余地。

有一则脑筋急转弯是这么说的："一个人要进屋子，但那扇门怎么拉也拉不开，为什么？"回答是：因为那扇门是要推开的。

顺治元年(公元1644年)，清王朝迁都北京以后，摄政王多尔衮便着手进行武力统一全国的战略部署。当时的军事形势是：农民军李自成部和张献忠部共有兵力40余万；刚建立起来的南明弘光政权汇集江淮以南各镇兵力也不下50万人，并雄踞长江天险；而清军不过20万人。

如果在辽阔的中原腹地同诸多对手作战，清军兵力明显不足。况且迁都之初，人心不稳，弄不好会造成顾此失彼的局面。

多尔衮审时度势，机智灵活地采取了以迂为直的策略，先用怀柔政策拉拢南明政权，集中力量打击农民军。南明政权果然放松了对清朝的警惕，不但不再抵抗清兵，反而派使臣携带大量金银财物到北京与清廷谈判，向清求和。这样一来，多尔衮在政治上、军事上都取得了主动地位。

顺治元年7月，多尔衮对农民军的打击取得了很大进展，后方亦趋稳固。此时，多尔衮认为最后消灭明朝的时机已经到来，于是，发起了对南明政权的进攻。当清军在南方的高压政策和暴行受阻时，多尔衮又施以迂为直之术，派明朝降将、汉人大学士洪承畴招抚江南。

顺治五年，多尔衮以他的谋略和气魄，基本上完成了清朝在全国的统治。

绕圈的策略，十分讲究迂回的手段。特别是在与强劲的对手交锋时，迂回的手段高明、精到与否，往往是能否在较短的时间内由被动转为主动的关键。就像多尔衮一样，用迂回的手段不跟对手硬拼，最后各个击破，完成了统一。

在获得成功的道路上，有无数的坎坷与障碍需要我们去跨越、去征服。人们通常走的路有两条：一条路是找出对手的弱点，并给予致命的一击，用最直接的方法快速解决问题。另一条路是懂得放弃，不跟对方硬拼，全面增强自身实力，在人格上、知识上、智慧上、实力上使自己加倍地成长，变得更加成熟、更加强大，在策略上战胜对方。

在一些暂时没有办法解决的事情面前，我们应该学着变通，不能死钻牛角尖，此路不通就换另一条路。有更好的机会就赶快抓住，不能一条路走到黑，生活不是一成不变的，有时候我们转过身就会发现，原来我们身后也藏着机遇，只是当时我们赶路太急，忽略了那些美好的事物。

另辟蹊径，让人生之路柳暗花明

穷则变，变则通，通则达。在生活中，我们会发现，一个不经意的变通，往往会很容易地解决我们一直头疼的问题，让看似没有出口的人生之路柳暗花明。

小叶毕业后做了一个编辑。有一次他需要向一位名作家邀稿，那位作家一向以难于对付著称，所以在去他家之前，小叶感到既紧张又胆怯，心里惴惴不安。

开始并不成功，因为不论作家说什么话，小叶都说“是，是”或者“可能是这样的”，局促不安的他无法开口说明要求作家写稿的事。于是，他决定准备改天再来向他说明这件事，今天随便聊聊天就结束这次拜访。

就在他快要想和作家告辞的时候，突然间他脑中闪过一本杂志刊载的有关这位作家近况的文章，于是就对作家说：“先生，听说你有篇作品被译成英文在美国出版了，是吗？”

作家猛然倾身过来说道：“是的。”

他继续说道：“先生，你那种独特的文体，用英语不知道能不能完全表达出来。”

“我也正担心这点。”作家饶有兴趣地说。

他们滔滔不绝地说着，气氛也逐渐变为轻松，最后他顺理成章地提出作家为他写稿的要求，作家于是爽快地答应了。

这位不轻易应允的作家，为什么会为了小叶一席话而改变了原来的态度呢?因为他认为小叶并不只是来要求他写稿，因为这个年轻人不仅读过他的文章，对他的事情也十分了解，不能随便地应付。所以，我们在跟人打交道的时候，不妨让对方以为我们对他的事非常清楚，这样不仅能拉近人与人之间的距离，还可以像小叶一样在心理上占优势。

一般人在和名人或有头衔的人见面时，都会产生胆怯的心理。如果气势被对方压倒，我们就不太敢开口说明要求的事，这样就会冷场，如此一来双方都很尴尬。这时不论多小的事情没有关系，首先要谈论对方的兴趣、近况等，仿佛自己对他的事非常了解。

变通，就是以变化自己为途径，通向成功。我们在做事的时候，要懂得思考，不要刻意地去模仿别人，我们要充分地发挥自己的聪明才智，在变通中寻找出路，在思考中找到解决问题的最佳途径，从而达到事半功倍的效果。

在面对令人敬畏之人的时候，在提出我们的请求前，我们最好先兜个圈子，提及对方的兴趣或近况，使对方觉得“这人好像很了解我”而加深他对你的印象。

通过这种变通的方式打开对方的心扉，将他拉进自己的话题中，然后再绕回自己的主题，那么你达到目的就水到渠成了。

在我们的人生道路上，我们会发现我们在做事的时候有时会出乎自己的意料之外，一切并不会按照自己的想法去发展。一个人的做事准则多半是从书本上学来的，是前人的智慧结晶，但是，尽信书不如无书，有时候书本上的知识会和实际生活中有很大的出入，所以，我们不能一味地按书本中的方法去解决生活中的难题，生硬地去运用，只会弄巧成拙。

有一种水鸟是以食鱼为生的，但其嘴的形状是直的，上下两部分都又长又宽阔，在吞食鱼的时候是很容易被卡住的。于是，在吞吃食物时，它们常常把捕到的鱼儿往空中一抛，让鱼头朝下、尾朝上落下来，然后接住咽下去，这种吃法可以使鱼在通过咽喉时，鱼的骨头由前向后倒，不会卡在喉咙里。

社会复杂多变，人心叵测，为人处世、求人办事也一样会碰到各种“刺儿”，这个时候便要懂得变通，人挪死，树挪活，这是做人应该具备的策略和手段。连鸟都知道“把鱼倒过来吃”，聪明人就更不会赤膊上阵，硬碰钉子，让刺卡在喉咙中了。

跟随时代的潮流是为了引领这个潮流。在这个潮流的浪尖上，我们都有自己的宏伟蓝图，如果你做到了自我实现，在人们心中，你的地位自然上升。如果你魄力不足，不妨施以巧计，在变通中寻找出路，从而走向成功。我们在面对一个难题时要懂得变通，多想出路，也许这里是个死胡同，那里却是一个充满花香的小巷。

失败，只是因为没有找对位置

> 从某种意义上来说，我们的生命就像是行星一样，放在什么样的位置，就能在什么样的位置发光。找到一个适合自己的位置，比去寻找如何才能成功更具有实际意义。

有一个人，他从小到大都是一名失败者，失败永远陪伴在他的身边。他感到上天的不公平，于是，他决定去寻找上帝，询问上帝成功是什么。

这个人翻山越岭，来到河边，见到一位渔翁，就走过去问：“老人家，成功是什么？”那位渔翁就回答他：“成功就是能每天都钓到鱼。”

这位年轻人继续他的旅途，他渡过了河，来到了森林中，遇见一个正在赶路的猎人，就问他：“成功是什么？”那个猎人就回答他：“成功就是每天都能捕获野兽。”

他听了，又继续赶路。这个人穿过了森林，也穿过了沙漠，来到沙漠边缘，找到了上帝，问：“成功是什么？”上帝很慈祥地回答：“成功是生活、成功是经验、成功是汗水。年轻人，不要执著于成功，而应享受成功的过程。”年轻人听了，顿时明白了，就辞别了上帝，回家去了。

到家之后，他将旅途上的所见所闻写了下来，出了一本书，他凭借着这本书，终于获得了成功。

很多人都想成功，却很难成功，为什么呢？因为他们不懂得贴近生活，收集生活中的经验和智慧，没有付出汗水，所以，就不能成功。

人生的考场无处不在，但满分的标准不止一个，我们有许多个角度给自己评分。我们在与他人的竞争中脱颖而出固然是成功，但有勇气不断超越自己、不断超越过去的人，为什么就无法跻身于成功者的行列呢？如果只知道被动地接受世俗化的成功标准，就只能在人云亦云的氛围中迷失自我，盲目地选择那些并不适合自己的成功之路。

有一句话是这样说的："废品，是放错了位置的宝贝。"这句话还是有一定合理性的，废品如果放在废品堆里，它只能是废品，但是把它放在回收站里，合理利用，它就会变成宝贝。

俗话说："三百六十行，行行出状元。"每个人都有自己的个性与爱好，我们只要找出自己的特长，给自己一个正确的定位，成功就离你不远。没有一个人生来就是弱者，只是有的时候我们找错了人生的方向而已，在这个时候，我们不要一味地否定自己。要相信，一个再不堪的人都有自己的优点，只要我们善于发现，术业有专攻，那么，在那个特定的领域里，你就一定可以成为佼佼者。

杰克读高中的时候，有一天校长找到他的母亲说："你的儿子也许不适合读书，他的理解能力非常差，甚至比不上比他小很多的孩子。"

母亲很伤心地将杰克领回家，准备在家里自己培养他，但是一段时间过后，母亲发现杰克对学习根本就不感兴趣。

一天，母亲带着杰克去街上买东西，当他们路过一家正在装修的超市时，杰克发现有一个人正在超市门前雕刻一件艺术品，杰克对此产生了浓厚的兴趣，他凑上前去，好奇而又用心地观赏起来。从那以后，母亲发现杰克只要看到什么材料，包括木头、石头等，必定会认真而仔细地按照自己的想法去打磨和塑造它们，直到它们的形状让他满意为止。母亲很着急，她怕儿子玩物丧志，耽误了学习。

杰克最终还是让母亲失望了，他没有考上大学。在母亲眼中他成了一个彻底的失败者。杰克也很难过，但还是决定远走他乡去寻找自己的事业。

许多年后，市政府决定将一位名人的雕像安放在广场上，以此来纪念这位名人。面对这样的机会，众多的雕塑大师纷纷献上自己的作品，每个人都期望自己的作品能被选中，这将是难得的荣耀和成功，最终一位远道而来的雕塑大师获得了市政府及专家们的认可。

在雕像落成时，这位雕塑大师说："我想把这座雕塑献给我的母亲，因为我读书时没有获得她期望中的成功，我的失败令她伤心失望。现在我要告诉她，大学里没有我的位置，但生活中总会有我一个位置，而且是成功的位置。我想对母亲说的是，希望今天的我至少不让她再次失望。"

这个雕塑大师就是杰克。在人群中，杰克的母亲喜极而泣。她终于明白自己的儿子不笨，只是当年她没有把他放到一个合适的位置上而已。

像杰克一样成功的例子并不少见，许多对世界作出杰出贡献的人都从小被老师认为在某方面不聪明，就连爱因斯坦都因那个做坏了的小板凳而被老师讥笑，然而后来却成了世界闻名的大科学家。

现实生活中，父母因为望子成龙、望女成凤心切，不根据孩子的兴趣，而是按照自己的理想规划孩子的人生，从而违背孩子意愿地对其进行培养，殊不知这样可能会压抑孩子的学习兴趣，以致对学习失去兴趣。只有合适地定位，才有助于理想的实现，否则埋没的将是一个天才，这并不是骇人听闻。

是小鸟，你就飞翔；是蜡烛，你就发光；是音箱，你就歌唱。每一样东西、每一个人都有自己的特点。只有找准了自己的位置，人生才有成功的可能。因此，人活在世上，要想摒弃平庸的生活、追求成功就要首先给自己定位。我们在给自己定位的时候，一定要了解自己的优势和弱势、明白自己的追求和愿望。只有这样，才能找到适合自己的位置。给自己合理地定位，少走些弯路，我们也将早日摆脱庸碌的压力，回归轻松自信的生活状态，相信你的人生也会更加精彩。

带刺的玫瑰更值得欣赏

没有什么人或者什么环境是完美的。有人用尽一生的时间在寻找幸福，却总是感觉幸福与自己无缘，陪伴在自己左右的往往都是彻骨的悲哀，然而，这并不是幸福摒弃了某个人，而是人们没有发现它，即使玫瑰带着尖锐的刺，但它依旧是值得欣赏的。

一个年轻人不远万里去寻找幸福，当他来到一个小村庄的时候，他看见村子里的人个个都喜气洋洋的。年轻人想，这里的人看上去都这么快乐，在这里一定能找到幸福。他拦住一个面色安祥的老者问："老人家，我是来寻找幸福的，看你们都这么高兴，幸福是不是就在这里？"老者并没有直接回答他的问题，而是反问了他一句："你觉得你的家乡怎么样？"年轻人苦恼的回答："那个地方糟透了，又穷又封闭，我在那里一天都待不下去！"老者笑着对年轻人说："那你快走吧，这里也没有你要找的幸福。"

在生活中，我们总会碰到一些不能让自己满意的人或者事情，而这样的情况是无法避免的，创世主在造物之初就拟定了这样的规则，没有人会因为你不喜欢他而将自己改变成你喜欢的样子。同样，你也不是一个完美的人，也不能让全世界的人都喜欢你。我们的生活需要这样的不完美，这是美味佳肴必不可少的调剂品，没有那些让我们心生不快的事物，我们就不能成长，不能有所收获，就永远学不会宽容。

我们不能因为一个孩子的顽皮就否认他那种天生的纯真和可爱，没有哪个婆婆会因为不喜欢儿媳妇而否认儿子的婚姻，也没有哪个妻子因为丈夫贪杯而否认自己的家庭，事情总是在宽容中得以安然地继续下去，人在内心里都抱有一份淡然和容忍，对没有必要非计较不可的事情都会宽大处理，这样的人生才过得舒心。当一个人整天为了身边的小事抱怨不休的时候，那么，他离幸福的生活将会越走越远。古希腊著名哲学家苏格拉底就是我们学习的好典范。

当苏格拉底和朋友一起住在一个嘈杂的小屋子里的时候，人们看到这位伟大的学者丝毫没有因为恶劣的环境而影响他的心境，他依旧每天笑对生活，似乎没有什么烦恼，人们不解地问他为什么，只听这位伟大的学者回答道："这间屋子虽然小，但是我可以和我志同道合的朋友们成天在一起学习和研究，有什么不值得我高兴的呢？"

当那群朋友都搬走之后，人们看到苏格拉底并没有因为朋友的离开而让脸上的笑容一起离开，他们视线中的苏格拉底还是一副笑对人生的样子，人们不禁又有了疑问，这时候，苏格拉底说："我的朋友们虽然走了，但是我最真挚的书友还在这里，我的房子里有一生都不会离开我的书籍，有它们陪着我，我为什么不高兴呢？"

苏格拉底结婚以后搬到一个7层楼的楼房中，但是他们家在最底层，显得脏乱差，经常会有垃圾成堆的情况出现，但是苏格拉底依然是笑着活在这样的环境中，他说这样好，因为如果他的那些朋友来拜访他，就不用爬楼梯了。当他住在7楼的时候，他又觉得住7楼好，因为他能够爬楼梯，锻炼身体。

这位学者总是用最智慧的眼光看待自己周围的恶劣环境，他没有一味地抱怨，而是淡然处之，如果苏格拉底和世俗之人一样因为对环境不满而怨天尤人的话，那么，苏格拉底就再也不是苏格拉底了。

当我们不能改变外在因素的时候，我们可以改变心境，换一个角度去看人，看物，那么，你将发现世界呈现在你眼前的是一种前所未有的美好景象。而且，世界上的每个个体都和你一样处在逆境或者遇见不好的人，但是他们没有埋怨，而是积极地面对那些人和事，积极乐观地生活，他们打破了大自然给他们的天然桎梏，释放自己，让自己在社会这个巨大的生物链中发挥自己应有的作用，所以他们中有的人能够成为学者、科学家、商人，甚至政界大员，如果他们也一味地抱怨世界，那么就只能淹没在泛泛洪流之中了。

我们的生命不长，与其把苦短的时间浪费在不满上，不如换种眼光去看世界。每个人、每件事都会有缺点，完美只是一种追求，在哪里都找不到虚幻的事物，我们不能强求别人十全十美，就像别人不能强迫自己一样。当我们淡然处世的时候，就会发现人并不是想象中的那般面目可憎。

第6章

善待你的仇人，敌对自会消失
淡然的人生不怨怼

有时候，面对别人的误解和质疑，我们难免会生气难过。如果我们选择针锋相对，只会让矛盾越积越深，让自己更不快乐。这个时候我们更需要淡然的心境，只有心里没有怨怼，才能学会包容。

懂得包容体现的是我们人格的魅力、是我们人生境界的升华、是拉近彼此距离的桥梁、是温暖世界的阳光。

少了一个敌人，就多了一个朋友

忘记别人给予你的所有不愉快，记住别人所给予你的哪怕一丁点儿的好处。这样，你会很快乐，别人也会很快乐。而你的朋友圈子会像滚雪球一样越滚越大。

北宋时期，王安石和苏东坡是两位大名人。最初，因为两人的政见不同，众所周知，王安石对苏东坡的态度不好，身为宰相的王安石，曾借故将苏东坡降职减薪，贬官到了黄州，弄得苏东坡好不凄惨。

大文豪苏东坡的胸怀宽广，他根本不把这事放在心上，更没有计较王安石对自己的不好。王安石从宰相位子上下台后，他不断写信给隐居金陵的王安石，或共叙友情、互相勉励，或讨论学问，十分投机，两人关系反倒好了起来。

林肯总统对竞争对手以宽容著称，后来终于引起了议员的不满，议员说："你不应该试图和那些人交朋友，而应该消灭他们。"林肯微笑着回答："当他们变成我的朋友，难道不是正在消灭我的敌人吗？如果说，人的一生中有敌人，那么除了我们自己，也就再无他人了。病痛是自己的敌人，烦恼是自己的敌人。然而，疾病也要治疗，甚至与它为友；烦恼也要面对，进而转为菩提。"

对于人生最大的"敌人"，我们都可以"帮助"，又何况自己心中设定的其他人呢？消灭敌人并不能显示出我们的智慧，因为与之对峙的同时，自身的精力也必将有所消耗，自身的心性也必将有所动乱。朋友可以是永久的朋友，而敌人却不要成为永久的敌人。在帮助敌人的同时，便获得了以德报怨的境界，无论是否能化敌为友，我们的慧根都会越来越丰盈。

春秋时期，中山国的相国司马熹勤于政事，向国君请示或商讨国家大事时，常常忘记了时间,一说就是大半天,甚至一直谈到半夜。而国君也非常信任司马熹,很愿意听他谈论谋论和规划;但因此而逐渐忽略了后宫生活。许多嫔妃都对司马熹意见纷纷,尤其是国君的宠妃阴简。

阴简十分憎恨司马熹,一有机会就在国君的枕边说他的坏话。时间一长,国君的态度也有所改变。而司马熹对此也有所耳闻,十分明白自己的处境。于是他决定不能这样坐以待毙,要在适当的时候"帮"阴简一把。

没过多久,机会就来了。赵国为了互通有无,专门派了一位使者来访中山国。对于赵国来使,小小的中山国自然是不敢怠慢。国君专门命司马熹寸步不离地陪伴在赵国使臣身边,生怕有一点疏忽。

在一次宴会上,司马熹问使者:"听说贵国美女如云,尤其擅长音乐,是这样吗?"

使者谦逊地说:"并非如此。"

司马熹恰好抓住了这样的话机,紧接着说:"我曾经到过许多国家,见过无数美女,但总觉得没有谁能比得上我们国君的宠妃阴简的。她的容貌倾国倾城,仪态婀娜多姿,简直有如仙女下凡一般!"

说者有意,听着亦有心。赵国使者暗自将这番话记在了心里,回国后便马上把这一情况禀报给了赵王。赵王听闻,还未见到阴简本人,心里就已经蠢蠢欲动了。于是,赵王再次派使者到中山国,请求把阴简送给自己。

阴简是中山国国君最宠爱的妃子,被视为掌上明珠。现在赵王要夺人所爱,中山国君哪里肯应。但如果不给,以赵王的气势必会报复中山国,很多百姓便要蒙难。

正当中山王左右为难、束手无策之时,司马熹恰如其时地向国君进谏说:"启奏大王,臣有一个办法,既可以回绝赵国,又可以避免百姓罹受侵略之苦。"

国君一听十分高兴,忙问道:"你有什么万全之策?"

司马熹回答说:"您可以立即册封阴简为王后,这样赵王为了不过于丧失体面就不好意思再要人了。"

中山国君立即照办。就这样,中山国保全下来了,阴简也顺利地做了王后。

阴简因为司马熹向国君荐言册封自己为王后,不但不再忌恨司马熹,反而对他感激涕零、尊重有加。司马熹终于摆脱了困境。

帮助敌人，就能让我们减少一敌；而少一个敌人就多了一个朋友。往往，由敌人转变而来的朋友，会比一般朋友对我们更好。因此，帮助敌人不但是保护自己，更是为自己找到更大的助力。

有这样一则寓言，说的是两匹马同行，一匹马将另一匹马的脖颈咬伤了，结果被咬的反而主动安慰因咬伤自己而羞愧不安的那匹马。故事虽小，却揭示了天地间动人的品德，那便是宽容。

在这个世界里，我们各自走着自己的生命之路，纷纷攘攘，难免有碰撞，如果冤冤相报，那么怨恨就会越来越大，内心美好的感受也就会越来越少了。记私仇是魔鬼对你的怂恿，当你为报私仇而搏斗时，魔鬼正在掘坟墓，而那些记私仇的人，怨恨一天天增多，朋友一天天减少，到最后他就会成为一个难以拥有快乐的孤家寡人，他的人生之路也就被他心中的怨恨所断送。而那些心胸宽广的人，却善于一笑泯恩仇，化敌为友，这使得他们的朋友越来越多，人生之路越走越宽。

人生最大的胜利不是制敌，而是化敌为友

> 人生最大的敌人，不是别人；人生最大的胜利，不是制敌。在帮助敌人的同时，便获得了以德报怨的境界，无论是否能化敌为友，我们的慧根都会越来越丰盈。

相传唐朝宰相陆贽有职有权时，曾偏听偏信，认为太常博士李吉甫结伙营私，便把他贬到明州做长史。不久，陆贽被罢相，贬到明州附近的忠州当别驾。后任的宰相明知李、陆有点私怨，便玩弄权术，特意提拔李吉甫为忠州刺史，让他去当陆贽的顶头上司，意在借刀杀人。不料李吉甫不计较旧怨，上任伊始，便特意与陆贽饮酒结

欢，使那位现任宰相借刀杀人之阴谋成了泡影。对此，陆贽深受感动，便积极出点子，协助李吉甫把忠州治理得一天比一天好。李吉甫不图报复，宽待了别人，也帮助了自己。

有的人就是心胸狭隘，凡事斤斤计较，计较前嫌，对别人的过失总是耿耿于怀，时时想着揪别人的小辫子。这样的人是典型的“小肚鸡肠”，心胸狭隘，待人刻薄，根本没有一点宽容之心，怎么还能谈成什么大器、立大业呢？

古来成大事者都是能够从长计议，向前看而不追忆他人过去的不是。古人古事，脍炙人口。以古为镜，可以净心灵、辨是非、明前途。不计较旧恶是灵活做人的一个特征。人与人相处，最难得的是将心比心。谁没有过错呢？当我们有对不起别人的地方时，是多么渴望得到对方的谅解啊！既往不咎的人，才可甩掉沉重的包袱而大踏步地前进。在许多情况下，人们误以为“恶”的，又未必就真的是什么“恶”。退一步说，即使是“恶”，对方心存歉疚、诚惶诚恐，你不念旧恶，以礼相待，说不定也能改“恶”从善。所以，人要有点“不计较旧恶”的精神，才能与人和谐相处。

富兰克林总统年轻的时候，他把所有的积蓄都投资在一家小印刷厂里。他很想获得为议会印文件的业务，可是出现了一个不利的情况，议会中有一个极有钱又能干的议员，非常不喜欢富兰克林，并公开斥骂他。

这种情形非常危险，因此，富兰克林决心使对方喜欢他。

下面就是富兰克林自己叙述的经过：“听说他的图书室里藏有一本非常稀奇而特殊的书，我就给他一封便笺，表示我极欲一睹为快，请求他把那本书借给我几天，好让我仔细地阅读一遍。

他马上叫人把那本书送来了。过了大约一个星期的时间，我把那本书还给他，还附上一封信，强烈地表示了我的谢意。

于是，下次当我们在议会里相遇时，他居然跟我打招呼（他以前从来就没有那样做过），并且极为有礼。自那以后，他随时乐意帮忙，于是我们变成很好的朋友。一直到他去世为止。”

在当今社会中，战场上两军对阵、杀得你死我活的敌人已经不太常见，更多的是商

44场里的“冤家”和同行里的对手，正所谓“同行相嫉，文人相轻”。其实，这都是竞争所致。然而，正像达尔文物竞天择的进化法则所阐释的，竞争可以带来进步。

“敌人”可以时刻让我们保持警醒与精进；没有对手，就会松懈，“孤独求败”的高处不胜寒想必就是如此。足球场上的两队竞技，必先相互握手以示感谢后才可开场；拳击赛开始时，选手要互相鞠躬致意，胜败分晓后还要握手言和；美国总统大选揭晓后，当选者第一件事就是要致电感谢落选的一方。可见，没有了“敌人”，我们的成绩便失去了很多色彩；而帮助敌人，则可以让我们自身更上一层楼。

真正的大智者对于敌人不但不消灭，反而培养对方成为激励自己上进、成长的对手。

培根曾经说过：“没有情人，会很寂寞；没有敌人，也是寂寞的。”人与人之间，有时候朋友可以成为敌人，有时候敌人也会成为朋友，区别就在于我们看人的角度和做人的态度。

然而，朋友可以是永久的朋友，敌人却不要成为永久的敌人：凡是能化敌为友的人必是胸怀韬略、大智若愚之人。

宽容是一种美德

人们在生活中总是会碰到伤害自己的人，面对别人的失误对自己造成的伤害，需要的是谅解和遗忘。宽容别人是种美德，原谅让我们如释重负，忘却计较，给自己的生活带来了新的能量。

包布·胡佛是一位著名的试飞员，并且常常在航空展览中表演飞行。一天，他在圣地亚哥航空展览中表演完毕后飞回洛杉矶。在空中300米的高度，两具引擎突然息火。幸好他运用了熟练的技术，安全地让飞机着陆，但是飞机严重损坏，所幸的是没人受伤。在迫降之后，胡佛的第一个行动是检查飞机的燃料。和他想的一样，他所驾驶的第二次世界大战时的螺旋桨飞机，居然装的是喷气机燃料。

回到机场以后，他要求见见为他保养飞机的机械师，那位年轻的机械师为所犯的错误而极为难过。当胡佛走向他的时候，他正泪流满面。他造成了一架非常昂贵的飞机的损失，差一点还使得3个人失去了生命，可以想象这位极有荣誉心、事事要求精确的飞行员必然大为震怒，会痛责机械师的疏忽。但是，胡佛并没有计较那位机械师的疏忽，甚至没有批评他。相反地，他用手臂抱住了那个机械师因懊悔而颤抖的肩膀，对他说："为了显示我相信你不会再犯错误，我要你明天再为我保养飞机。"

原谅会使枯萎的感情长出新的枝芽，让我们走出狭窄的河道，汇入广阔的海洋。唯有不计较对方的错误，才能宽恕对方的缺失，原谅别人，放弃的是旧怨，得到的是友谊。原谅别人不易，但学会原谅别人必会使自己得到安康和轻松。

原谅伤害自己的人也是避免自己受到更深的伤害，而且说不定还能得到别人的帮助，助你走上成功之路。不要因为别人对你造成的伤害或者别人忘恩负义而计较不止，人活在这个社会，应该以平和的心态潇潇洒洒地为自己活着，让我们永远不要去试图报复我们的仇人，因为如果那样做的话，我们只会深深地伤害了自己。

然而在现实生活中，有些人往往无法做到真正去宽恕他人。我们也许不能像圣人般去爱伤害我们的人，可是为了我们自己的健康和快乐，我们至少要原谅他们、忘记他们。如果每一天都是在斥责和计较中度过，那该是多么的悲哀！学会原谅和宽恕，会使许多矛盾与冲突得以缓解，使你从沮丧走向成功，从狭窄的小道走向宽广的马路，使交往更广泛，心灵也更加充实，生活也变得轻松很多。

有一次，发明大王爱迪生和他的助手辛辛苦苦工作了一天一夜，终于研究做出了一个电灯泡。他们非常珍惜这个成果，随后，一个年轻的学徒把这个灯泡拿到楼上的实验室好好保存。这名学徒知道这是个十分重要的东西，心里非常紧张，结果在上楼的时候不住地哆嗦，一下子摔倒了，把电灯泡摔得粉碎。

爱迪生非常惋惜，但没有斥责这名学徒。过了几天，爱迪生和他的助手又用了一天一夜制作了一个电灯泡，做完后，爱迪生想也没想，仍然叫来那名学徒，让他送到楼上。这一次，什么事也没有发生，年轻的学徒安安稳稳地将灯泡拿到了实验室里保存好。

事后，爱迪生的助手计较地说："原谅他就够了，你何必再把灯泡交给他呢，万一又摔在地上怎么办?"爱迪生回答："原谅不是光靠嘴巴说说的，而是要靠做的。这才是真正的原谅。"后来，这个年轻的学徒成为爱迪生最得力的左右手。

《圣经》上说："怀着爱心吃青菜，也会比怀着怨恨吃牛肉好得多。"德国著名的"悲观论"哲学家叔本华在他绝望的时候，否定了先前说的"生命是一种毫无价值而又痛苦的冒险"，改说为"如果可能的话，不应该对任何人有怨恨的心理。"

有人说："宽恕是芬芳的花朵，友谊是它的果实。"有人说："宽恕是理解的桥梁，真诚和信赖是它的基石。"还有人说："宽恕是清凉的甘露，浇灌了干涸的心灵。"宽恕是一种美德，凡是能做到宽以待人者，都会受到人们的欢迎。"宽以济猛，猛以济宽，宽猛相济"、"治国之道，在于猛宽得中"，古人以此作为治国之道，表明宽恕在社会中所起的重要作用。

原谅是一门艺术，一门做人的艺术，原谅是一切事物中最伟大的行为。原谅别人，就是在心理上接纳别人，理解别人的处世方法，尊重别人的处世原则。我们在接受别人的长处之时，也要接受别人的短处、缺点与错误，这样，我们才能忘记计较和怨恨，真正地和平相处，社会才显得和谐。

心有多宽，舞台就会有多广

在这个世界里，我们各自走着自己的生命之路，纷纷攘攘，难免有碰撞，如果冤冤相报，那么怨恨就会越来越大，内心美好的感受也就会越来越少，你的人生之路也会越来越窄。

在美国的一所著名大学，一位哲学家曾让他的学生做过一个这样的实验：他拿出一张白纸举在同学们的面前，并集中注意力地盯着这张纸，请周围的同学告诉他看到了什么？

有的同学说："我看到的只是一张白纸。"有的同学说："我什么也没看见。"有的同学却说："我看不到尽头。"

最后，这位哲学家就对第三类同学投去了赞扬的目光，并说："我比较欣赏这些同学的眼光，因为他们的目光不只是盯在一张纸上，他们能超越出事物的本身，想到未来。这样的人，眼界往往比较高远，心胸也更为宽广，也容易使人生更为辉煌。"

很显然，由于内心的想法不同、眼界不同，他们所看到的也不一样！因此，什么样的心态就能产生什么样的结果。人们常用"世界有多大，心就有多大"来夸耀那些有远大志向的人，但是如果我们能将这句话颠倒一下，改为"心有多大，世界才有多大"，你也能从中发现人生的另一种禅理。

"海不辞水，故能成其大；山不辞土石，故能成其高；明主不厌人，故能成其众。"大海能包容每一滴水，所以成就了它的广博；大山不拒绝每一粒尘土，所以才能挺拔高耸；聪明的管理者不会厌恶各路人才，所以能形成他的大众之势。心胸狭窄的人，只容得下芝麻，容不了西瓜；目光短浅的人，只看见眼前，看不到将来；自私自利的人，心里只装得下自己，装不下别人。只有胸怀坦荡、志存高远、公而忘私的人，心里才能容得下难容之事和难缠之人。

其实,真正懂得管理的人首先就要有容人的胸怀,正所谓"海纳百川,有容乃大"。只有容得下一切可容之人与物,才能拓宽自己的局限,成就更广阔的天地。这比单纯地钻营繁复的商品技巧和管理制度更有效,也更简明。

同时,容人还表现在不计怨仇上。在企业里,任何事物都要以集体为前提,因才而用,不能因个人原因而打压排挤。

1947 年,小沃森刚刚接管 IBM 公司的工作,成为了 IBM 的第二任总裁。

伯肯斯托克是 IBM 公司未来需求部的负责人。他是当时刚刚去世的 IBM 公司二把手柯克的好友,而柯克以前又和小沃森是对头。所以,伯肯斯托克理所当然地认为:柯克死后,小沃森肯定不会放过他,与其被人赶走,还不如主动辞职,闹个痛快。

这天,伯肯斯托克来到了小沃森的办公室,他说:"这个没人干的闲差和销售总经理比起来,我能有什么盼头……"他知道小沃森和他父亲一样脾气暴躁、很要面子,所以来到他的办公室故意当面向他发火。这样,在辞职前也算是出了一口恶气。

奇怪的是,当听到伯肯斯托克说出"没有盼头"这样挑衅的话时,小沃森却显得平静,一脸微笑地看着他。

这反倒让伯肯斯托克有点紧张了,一时间他没有言语,不知所措。

小沃森趁势说:"如果你真行,那么,不仅在柯克手下,在我、我父亲的手下都能成功。如果你认为我不公平,那么你就走;否则,你应该留下,因为这里有许多机遇。"

伯肯斯托克没有说话。

"如果是我遇到现在的情况,理智会让我最终决定留下来。"小沃森继续说道。

伯肯斯托克愣了一下,继续嚷嚷道:"我刚才的话你没有听见吗?"

小沃森没有回答,仿佛真的没有听见似的。实际上,小沃森几乎已经达到了"沸点",但他同时深深地明白,伯肯斯托克是个不可多得的人才;有他在,公司就握住了一大有力的资源。所以,小沃森竭尽全力地去挽留他。

事实证明,留下伯肯斯托克是正确的,他甚至比刚去世的柯克还要精明能干。

在促使IBM从事计算机生产方面，伯肯斯托克作出了不可磨灭的贡献：当小沃森极力劝说老沃森及IBM其他高级负责人赶快投入计算机行业时，公司总部里支持者相当少，而伯肯斯托克全力支持他。伯肯斯托克对小沃森说："打孔机注定要被淘汰，假定我们不觉醒，尽快研制电子计算机，IBM就要灭亡。"

小沃森相信他说的话是对的。小沃森与伯肯斯托克联手，为IBM立下了汗马功劳。小沃森在他的回忆中还曾写下这样一句话："在柯克死后挽留伯肯斯托克，是我有史以来所采取的最出色的行动之一。"

小沃森不但挽留了伯肯斯托克，后来还陆续提拔了一批他并不喜欢却有真才实学的人。

小沃森可以说是一个成功的管理者，他懂得容下可容之人，从而借他人之力成就了自己的一番伟业。身为企业的领导者，要用事业造就人才、用环境凝集人才、用机制激励人才、用法制保障人才，把企业人才的积极性和创造性引导好、保护好、发挥好。而且领导者要善于经营人才，识才、用才、爱才、聚才是领导者的一项基本职能，也是一个成熟领导者的基本素质和才干。

而古今中外大凡成大事者，莫不是以大胸怀掌握住了大局面：齐桓公不计管仲一箭之仇，拜其为上大夫，管理国政而成就霸业；李世民发动玄武门之变，不计魏征曾谏言谋害自己之前嫌，重用魏征，从而安邦治国，开创了"贞观之治"；曹操容下陈琳骂其三代祖宗之嫌，陈琳也因此甘愿为其效劳一辈子；刘秀焚烧投敌信札，不计前嫌，化敌为友，壮大自己的力量，终成帝业。容人，较之三顾茅庐的请人，较之千方百计的挖人，是何等轻松惬意；而对于制定规章管人、处心积虑限人又是何等简单高效。容可容之人，让所有人都有一个输出的平台，各尽其才，企业之强大便指日可待。

由此可见，包容是一种态度。谦虚的态度能容人于内，傲慢的态度则拒人于外。包容是一种品格，人人都有七情六欲，人人都有喜怒哀乐，难免有控制不住情绪的时候，能够保持宁静淡泊，能够宽以待人，便是良好的品格修养。包容是一种境界，如果一旦超越地域、国家、语言、民族和文明的界限，那么，人的思想就达到了一种至高无上的境界。

学会欣赏，赞美他人也是一种胸怀

心理学家威廉·詹姆斯说："人性最深层的需要就是渴望被别人欣赏。"的确，在人与人的交往中，我们要学会欣赏他人、赞美他人。

美国著名的思想家和企业家戴尔·卡耐基，小的时候是有名的坏孩子。

他曾偷偷地向邻居家的窗户扔石头，还把死兔子放在桶里，放在学校的火炉里烧烤，弄得臭气熏天。

9岁那年，他的父亲娶了继母，父亲对继母说："亲爱的，你要好好地注意他，不然他会向你扔石头，他是全天下最坏的孩子。"

继母半信半疑。不过经过一段时间的接触和了解后，继母对卡耐基有了全新的认识，她对丈夫说："你错了，他并不是全天下最坏的孩子，而是最聪明的孩子，只是还没有找到发挥他聪明的地方罢了。"

继母很欣赏戴尔·卡耐基，在她的引导下，他的聪明得到了发挥，最后本是坏孩子的他取得了让人意想不到的成就。

从戴尔·卡耐基的经历我们可以看出，每个人都有自己的闪光点，正是继母的欣赏改变了他的一生。这可以让我们与他人进行更有效的沟通，缩短彼此的距离。

其实，懂得欣赏别人的长处，可以让我们与他人进行更有效的沟通，缩短彼此的距离。如同向他人心灵播撒阳光一样，每个人都渴望得到来自社会、来自他人的首肯与认可，人类除了一些基本需要之外，还有一种对于自重感的内心"饥饿"。如果我们能诚挚地满足对方的这种心理需求，那么，就会给他带来希望。

生活中，一个内心简单而澄净的人，才会时刻抱着欣赏的眼光去看待这个平凡如我的世界。这样，对于他人的赞美，便是由内而发、真诚质朴的，由此给对方带来的温润也将是脉脉滋养的。

张强因为聪明灵活、能说会道，被公司刚刚调入销售部。可一连几个月，张强不但销售成绩是整个团队里最差的，而且经常不能完成任务。眼看就要开年终会了，人人都担心他会被老总辞退。

年终会上，老总开始品评员工。老总谈吐风趣、爱说笑话，所以会场的气氛十分愉快，而张强却十分紧张。老总表扬了一些业绩出色的主管和员工后看到了张强的资料，低下了头沉默了一会儿。

这让张强更加紧张了，在偌大的空调会议室里，脸却涨得通红，汗水顺着脸颊滑落。过了一小会儿，老总终于开口了："下面我要说的这位员工，可能在业绩上没有前几位那么优秀，但他却有一点非常宝贵的优点。"

坐在底下的张强不禁放松了些，知道自己肯定没有被赞许的份儿。可万没有想到，领导继续刚才的话，马上就说出了自己的名字。这让张强本来放下的心又一次提到了嗓子眼儿。

"之所以表扬张强，是因为我看到他身上具有非常可贵的团队协作意识。虽然他的个人业绩差了些，但在座的每一位同仁几乎都得到过他的配合。他牺牲了许多自己的时间与精力，配合部门里的各位同事做了许多客户的工作。以至于大家只看到了个人成绩，而忽略了张强这位幕后英雄。我们明年的合作重点就落在张强身上了，相信他一定能做好；也希望大家都能向他学习，经营好我们这支团队。"

听到这番话，张强倍受感动，是老总为自己"挽回"了这份工作。除了努力工作，他感觉再也没有其他的方法能对得起老板的这番"赞扬"了。果不其然，半年后张强的业绩在公司已经是中上等水平了。

从这个故事里我们可以看出，学会欣赏别人的长处，很多时候都会起到积极的效果。它表达的是我们的一片善心和好意，传递的是信任和情感，化解的是有意无意间与人形成的隔阂和摩擦。赞美别人，仿佛举起了一支火炬，照亮别人的同时也照亮了自己。它让彼此远离的个体更加贴近，让彼此隔阂的心墙破冰融合。可以说，它在人际关系中起着四两拨千斤的作用，以最简单的方式获得了不可估量的效果。

俗话说：尺有所短，寸有所长。人各有其长处和优点，会欣赏别人的人总是赞美别人的长处，放大别人的优点，时常给予人一种肯定、一种理解、一种尊重。我们在和别人的交往中，不要总盯住别人的缺点不放，我们要学会欣赏别人的长处，这样才会让自己不断进步，才会获得别人的肯定。如果谁能诚挚地满足这种心理需求，谁就可以游刃于人际关系之中，享受到冲破藩篱的心灵往来。

而赞美就是一种欣赏和感谢，它给人带来的喜悦恰好替代了一副冷漠的面孔和一张吝啬的嘴巴给人的失望。赞美往往能够拉近我们与他人之间的距离，让“你和我”变成“我们”。如同人际交往中的润滑剂，赞美让我们与外界的沟通之道变得简单、变得平坦。

正如美国哲学家约翰·杜威所说的一样，人人都需要赞美，“人类本质里最深远的驱策力，就是希望具有重要性”。而欣赏别人的实质，其实就是对别人的尊重，我们对别人的欣赏，有时候可以改变一个人的人一生。

会欣赏别人决不是对自己人格的贬低，相反是对自己人格的提升；不是自己学识的丢失，而是自己能力和水平的提高；不是自己感情的遗弃，而是自己精神的丰富和情操的陶冶。

慈悲没有仇敌，宽容没有烦恼

一只脚踩扁了紫罗兰，它却把香味留在了那只脚上，这就是宽恕。世界上只有一种人能够做到没有永远的敌人，那就是懂得宽恕之道的人。

明代名臣金忠在任兵部尚书时，有个同籍的老乡来京师谋生，想求助金忠略扶一二。但又非常担心金忠容不下他，因为此前自己曾多次侮辱过金忠。

没想到，金忠听说后，非但没有挟嫌报复，反而尽力举荐他。这让跟随金忠多年的手下人气不打一处来，便问金忠："这个人不是曾经多次伤害过您吗？"

金忠只说了一句："我举荐他是因为他身上有可以为国家效力的才能，又怎么能以个人的恩怨而有意遮掩呢？"

古人大度容人的英雄气概无疑让我们敬仰。然而反观自己的生活，却并不尽如人意：亲朋好友之间因为一句闲话而争得面红耳赤、形同陌路；邻里之间因为孩子打架而导致大人吵嘴，老死不相往来；夫妻之间因为琐事而同室操戈、劳燕分飞；父子之间因为考试、工作而意见不合，竟导致横眉冷对。

但是我们是否认识到，这些事情导致的结果往往都是两败俱伤，彼此身心俱疲。因此，容忍、宽恕别人，同样也是在善待自己。就像人们常说的，我们的心如同一个容器，当爱越来越多的时候，仇恨就会被挤出去。消除仇恨并不需要刻意地复杂而为，只要用一颗简单的宽容之心来不断充实自己，那么仇恨自然也就没有容身之所了。如此，仁爱的光芒便会照亮我们的心灵，让我们在参透人生智慧的同时，获得那份难得的从容与超然。

对于仇恨来讲，宽恕往往比报复难做得多，但这也正体现了一种对人对事包容、接纳的气度和胸怀。就像《六度集经》中这个故事的主人公一样：

长寿王仁政爱民、慈悲为怀，使国家风调雨顺、财富民丰。然而不曾想却因此而激发了邻国贪王的野心，准备出兵抢夺。长寿王不愿殃及无辜百姓，便决定舍弃王位，与儿子长生一起遁隐山林。

贪王占领了长寿王的国土后，欲壑难填，仇意肆起，下令追捕长寿王父子。长寿王在一次敌我力量悬殊的偷袭中，为了保护儿子而不幸被捕。临死前，长寿王看到自己的儿子混杂在人群中，满怀仇恨地盯着贪王，便大声说："希望我的儿子能以仁为诫、以德报怨，不要为我报仇。"

虽然听到了父亲的遗言，但满腔怒火的王子一心只想着报仇。于是他千方百计地得到了贪王的赏识，进而成为贪王的贴身侍卫。

在一次伴随贪王出行的途中，长生刻意让贪王远离随从，在山林间迷了路。筋疲力尽的贪王躺下来休息，在其熟睡之际，长生正准备动手杀了他，但忽然想起父亲的遗言，便犹豫不决起来。

最终，长生决定尊奉父亲的遗言，原谅贪王。同时，主动向贪王表明了自己的真实身份，并说：“你杀了我吧，免得我报仇的念头又死灰复燃。”

震惊的贪王被长寿王父子的宽容和仁慈所感动，当下幡然醒悟。于是将国土归还给了长生，两国从此结为兄弟之邦。贪王自己也一改残暴，像长寿王一样善待人民、体恤疾苦了。

正如圣严法师所说：“慈悲没有敌人，智慧没有烦恼。”真正的宽容来自于博大的胸襟，来自于爱人如己的智慧。的确，心怀宽容，尤其是面对仇恨时仍能容纳对方，是让人肃然起敬的。然而，生命的意义就在彼此的接纳中展现出它的和谐之美。饶恕是一种极高的境界，一个饶恕别人的人，也会因为自己的生活中不再充满仇恨而得到心灵的释放。

好在，也许我们还没有遭遇像长寿王父子的仇恨，但人们在生活中也大都会受到有意无意的伤害。有的人生气后，随时间而淡化；有的人拿起武器进行反击，并适时而止；有的人置之一笑，调整好心态，继续走自己的路；而有的人，却无法从不快的心理阴影中走出来，他们常常掀开伤口查看，每看一次，伤口便扩大一分，于是报复心理便随之产生。且不说能否给对方造成痛苦，单就其本人为此所浪费掉的宝贵时间、破坏掉的好心情，也无不使之因受制于别人而偏离了自己原有的人生轨道，心灵自然也就无法自由地飞翔。但反之，当他人以恶劣的态度相向时，我们若能忍耐一时之气，以宽容之心对待、以理智之态处理，那么在不知不觉中便会创造出许多美好。

友情也需要包容的阳光

没有宽容就没有友谊，没有善待就没有朋友。宽容和理解是一种力量，是朋友之间的桥梁和阳光，我们要想拥有不离不弃的友谊，就必须学会包容。

查尔斯和布赖恩是从小生活在一起的伙伴。第二次世界大战爆发后，他们一起参加了这次战争。

有一天，他们的部队在森林中与敌军相遇，发生激战。最后他们两人与部队失去了联系。两人在森林中艰难跋涉，互相鼓励、安慰。半个月过去了，他们仍未与部队联系上，幸运的是，他们打死了一只羚羊，依靠羊肉又可以艰难度过几日了。然而，这以后他们再也没看到任何动物。仅剩下的一些羊肉背在自己的身上。

这一天，他们在森林中遇到了敌人，经过再一次激战，两人巧妙地避开了敌人。就在他们自以为已安全时，只听到一声枪响，走在前面的查尔斯中了一枪，幸亏在肩膀上。布赖恩惶恐地跑了过来，看到浑身是血的查尔斯，他害怕得语无伦次，抱起查尔斯的身体泪流不止，赶忙把自己的衬衣撕下包扎战友的伤口。

到了晚上，布赖恩一直呼唤着母亲，两眼直勾勾的。两人都以为他们的生命即将结束，身边的羊肉谁也没动。天亮后，部队救出了他们。

几十年后，布赖恩去世了，查尔斯说："我知道谁开的那一枪，他就是我的伙伴。在他抱住我时，我碰到了他发热的枪管，但当晚我就宽恕了他。我知道他想独吞我身上带的羊肉活下来，但我也知道他活下来是为了他的母亲。这么多年我装作根本不知道此事，也从不提及。战争太残酷了，他母亲还是没有等到他回来，在我们祭奠老人家的时候，他跪下来，请求我原谅他，我没让他说下去。我们又做了二十几年的朋友，我没有理由不宽恕他。”

人非圣贤，孰能无过。每个人都有一时糊涂犯错的时候，朋友难免有缺陷和过错，理解、宽容是解除痛苦和矛盾的最佳良药，能升华友谊，使之更纯洁、更纯净，我们不能因为一次错误就永远给别人贴上坏人的标签。查尔斯的宽容不仅拯救了他们的友谊，还拯救了布赖恩的一生。

也许在这个社会里，人情越来越冷漠，也许生活中确实存在很多矛盾和困难，每个人都有自己的难处，生活的压力真让人有点儿喘不过气来。但是，诅咒、谩骂、生闷气都无济于事，只要冷静观察就会发现，人们的生活本来就是苦、辣、酸、甜、咸五味俱全。在生活中，看不惯的很多，理解不了的也很多，失望的也很多；但人的能力毕竟是有限的，愤世嫉俗不会改变事态的发展，不会使关系缓和，反而会给疲惫的身躯又增加了几分新的负担，我们把埋怨化为宽容和理解，我们就会发现，我们的身边还是有温暖的。

因此，我们要想在这个社会中活得舒心、自在一些，就必须收敛自己的争强好胜和计较的狭窄心胸，对于世事和人都多一些豁达、大度，笑对人生。有时一个微笑、一句幽默就能化解人与人之间的怨恨和矛盾，填平感情的沟壑。我们要学会让自己保持一种恬淡的心态，去做自己应该做的事情。整日为一些闲言碎语、磕磕碰碰的事情郁闷、恼火、生气，总去找人诉说、与对方辩解，甚至总想变本加厉地去报复，这将会贻误自己的事业，失去更多美好的东西。

郑洁从小就是出了名的“校花”，每个人看见她都会感到赏心悦目，甚至有不少男生每天都会给她写小纸条。不过，郑洁不愿意考虑这些，于是就把这些信拿给她的好朋友文娟，逗得文娟哈哈大笑。

在郑洁的身边，文娟是她最好的朋友。两个人从小就在一起，幼儿园、小学、中学都在一个班，大学又在一个宿舍，关系可谓非常亲密。

不过，与郑洁相比，文娟显得黯淡了许多。文娟的学习成绩一般，长相也不出众，在郑洁面前就像一个“丑小鸭”。正因为此，文娟一直都比较低调，郑洁说什么，她就听什么，很少提出自己的意见。久而久之，郑洁变得越来越“霸道”，总是命令文娟做这做那。

有一个周末，文娟一个人离开了宿舍，等她回来时，看见郑洁正对自己大发雷霆："你干什么去了！我在这里等了你一下午！"

看到郑洁这个样子，文娟紧张地说："我……我去图书馆了，我中午看见你在睡觉，就不想打扰你……"

谁知，这样的解释没有让郑洁平静："你不知道我下午要去逛街吗！我一个人怎么拿得了那么多东西！都是你，让我今天下午哪里也没去成！"

"你……"终于，文娟无法忍受，眼泪哗哗流了下来。她不明白，为什么最好的朋友这样对待自己，把自己当做奴隶。宿舍其他同学见状，赶紧安慰起文娟。

看着流泪的文娟，郑洁不知道该做什么。第二天，她主动找到了文娟，愧疚地说："文娟，真对不起，我昨晚想了一夜，这才发现，我总考虑自己，却没有站在你的角度看待问题，结果让你受了很多委屈……文娟，你原谅我好吗？"

文娟急忙站了起来，说："别这么说，我没生你的气！要怪就怪我！你是我的榜样，我以后还要向你学习呢！"

就这样，两个人大笑了起来。从此，郑洁再没有那么霸道了，两个人的关系也更加亲密。

文娟之所以无法再忍耐，就是因为郑洁的咄咄逼人。但是，文娟是宽容的，正是她的包容才让他们的友谊长久。

友谊的存在，正是建立于公平的基础上，一个总是高高在上的人，怎么能得到别人的尊重？不懂得尊重朋友的人，自然也得不到友谊，等到所有人都离你远去时，那时你就将体会到什么是"痛苦"。所以，你应该改掉自身的缺点，总是由着自己的性子，要求别人为了自己而奋斗、而放弃，却不考虑对方的心态和情绪。时间一长，朋友自然会感到你很自私，于是不愿再和你做朋友。所以，哪怕你的条件再好，也不要总是那么自私地要求朋友。朋友并没有义务去帮助你、为你做什么，因为他们与你非亲非故。因为需要才交的朋友，这种友谊是不牢固的，是不会长久的，更是让人痛苦的。

每个人都渴望自己的身边有一个或几个好朋友，因为没有朋友的生活是孤独的、是灰色的。宽容是大度的弥勒佛，能够包容世间的是是非非、恩恩怨怨。因此，在日常生活中，我们要时刻以宽容的心态去面对一切，这样才能征服一切，才能收获内心的宁静和快乐，才能收获恒久飘香的友谊。

记住该记住的，忘记该忘记的

"春有百花秋有月，夏有凉风冬有雪。若无闲事挂心头，便是人间好时节。"往事如风，有的事需要我们忘记，记住该记住的，忘记该忘记的，洒脱的人生，心无挂碍，你才会感受到生活的美好。

一位著名的作家叫阿里，有一次与朋友吉伯、马沙两位朋友一起外出旅行。

3个人一同行经一处陡峭的山谷时，马沙不小心突然失足滑落。幸而吉伯拼命拉住他，才将其救上来。马沙当即很受感动，随手就在附近的大石头上刻下了这样的字："某年某月某日，吉伯救了马沙一命。"

3个人又继续向前走了几天，一同来到一处河边，吉伯因为一件小事与马沙争吵起来，吉伯当时一气之下，就打了马沙一个耳光。马沙跑到附近的沙滩上写下这样的字："某年某月某日，吉伯打了马沙一耳光。"

当他们旅游回来后，阿里就十分好奇地问自己的朋友马沙道："你为什么要将吉伯救自己的事情刻在石头上，而将吉伯打自己的事情写在沙滩上面？

马沙这样回答："我永远都对吉伯心存感激，他救了我性命，我要让自己永远记住。至于他打我的事情，我只想让它随着沙滩上的字迹一同消失，将它忘得一干二净。"

生活中的我们应该牢记别人对自己的帮助，牢记生活中的感动，而忘记别人对自己的不好，忘记过去的伤痛，这样我们才能让自己时常对生活心存感动，才能让自己体味到更多的快乐和满足。

谁不愿拥有一个不为烦恼所动的快乐人生呢?所以，人生短暂，何必对过去的痛苦耿耿于怀呢?何必要自己伤害自己呢?对我们最有害的是怀恨、不满和烦恼，如果把怀恨、不满和烦恼融化，甚至可以使癌症痊愈。我们一定要对过去网开一面，宽恕所有的人；而宽恕别人就是爱护自己，是真正、彻底地爱护自己。要知道，最有力量的是宽恕、是慈悲；最有力量的是“当下”，不是过去，也不是将来。

一天，七里禅师正在禅堂的蒲团上打坐，这时，一个强盗突然闯进来，用一把又明又亮的刀子对着他的脊背，命令道：“把柜里的钱全部拿出来，不然就要你的老命!”

“钱在抽屉里，柜里没钱。”七里禅师说，“你自己拿去，但要留下一点。寺里的米已经吃光，不留点钱，明天我要挨饿呢!”

那个强盗拿走了所有的钱，在临出门的时候，七里禅师说：“收到人家的东西，应该说声谢谢啊!”

“谢谢。”强盗说。他转回身，心里十分慌乱，这种从来没有遇到的现象使他失去了意识。他愣了一下，才想起不该把全部的钱拿走，于是，他掏出一把钱放回抽屉。

后来，这个强盗被官府捉住。根据他的供词，差役把他押到七里禅师的寺庙去见禅师。

差役问道：“几天以前，这个强盗来这里抢过钱吗?”

“他没有抢我的钱，是我给他的。”七里禅师说，“他临走时也说声谢谢了，就是这样。”

这个强盗被七里禅师的宽容感动了，只见他咬紧嘴唇，泪流满面，一声不响地跟着差役走了。

这个人在服刑期满之后，便立刻去拜见七里禅师，求禅师收他为弟子。开始，七里禅师并没有答应。这个人长跪三日，七里禅师终于收留了他。

人生没有彩排，再完美的演出也会有缺憾。总在努力地忘记一些生命中的人和事，那些欢快的、悲伤的……所有的记忆都毫不留情地删除或者封印，不去触摸，有些事不是忘了，而是不去想。只有这样才可以让痛苦降到最低。对错怪或伤害过自己的人，我们的心灵不要被仇恨、烦恼所蒙蔽，怒火中烧、烦恼怨恨，都将对自己和他人造成伤害。

《圣经》里说，爱是恒久忍耐，又有恩慈。回想我们所恨的人的一些优点，念及他们曾做过的一些好事，而对他们拙劣的一面视而不见，如此怒气可能就会缓和下来，烦恼会烟消云散，心中会充满慈悲。

第7章 人生如棋，落子不悔 淡然的人生不后悔

人生无悔，才能活得洒脱与安然。然而，生活中的我们常常因为那些过往而后悔，从而无暇欣赏今天的风景。有时候我们要学会忘记，将经历过的都抛在身后，不管是非成败，笑看得失，我们就可以获得淡然自在的生活。

人生如棋，落子不悔才可以让阳光照进我们的心灵，让我们的生命如花盛放。

人生无悔，别在过去的失败里驻足

生活中总有美好的记忆，同样，记忆也有让我们不堪回首的一幕，面对那些不堪的过往，一个聪明人不会在过去的错误里驻足，我们应该珍惜眼前、展望未来，重新获得那失去的快乐与成功。

保罗博士是美国纽约市一所著名中学的教师，他在任教期间发现这样一个问题：班上的有些学生平时看起来很用心，但是却总是考不出好成绩。

为此，他就对这些学生展开了调查，发现这类学生经常会为过去的成绩而感到不安，他们经常生活在过去的阴影里，只要有一次考试失败，他们就会生活在自责之中，以致影响了下一步的学习。有的学生甚至从交完试卷后就开始为自己的成绩忧虑了，总担心自己不能及格。为了开导这类同学，保罗博士给他们上了这样一堂难忘的课。

有一天，保罗博士把这类学生招集到实验室，在给他们讲课的过程中，无意间把一瓶牛奶放在实验桌上。下面的学生们都不明白这瓶牛奶与自己所学的课程到底有什么关系，只是静静地听他讲课。忽然，保罗博士站了起来，一巴掌将那瓶牛奶打翻在地上，并大声喊道："不要为打翻的牛奶哭泣！"

课堂上的同学都震惊了，但是保罗博士却叫所有的学生都过来，并围拢到洒满牛奶的地方仔细观察那破碎的瓶子与淌着的牛奶。博士一字一句地说："你们仔细看一下，现在牛奶已经淌光了，无论你再抱怨、再后悔都没有办法去取回一滴。你们要是在事前想一些预防的措施，那瓶牛奶还可以保住，但是现在却晚了。我们现在唯一能做的就是尽快地将它忘却，然后注意下一件事情。我希望你们永远能够记住这样的道理！"保罗博士的这个表演，使所有的学生学到了课本上从未有过的人生道理。

过去的已经过去，不要为打翻的牛奶而哭泣！生活不可能重复过去的岁月，光阴似箭，来不及后悔。从过去的错误中汲取教训，在以后的生活中不要重蹈覆辙，要知道“往者不可谏，来者犹可追”，别在意曾经的失败，我们就可以给自己一个快乐的情绪。人活在这个世界上，无非是为了使自己更加幸福而已。忘记曾经的失败，认真地过好每一天，从每一件小事情去寻求小快乐，生活一定会更加充实。而那些过去失去的快乐，迟早还是会回到你的身边。

“不要为打翻的牛奶哭泣”，深刻地说明了我们不要沉浸在过去的悲伤里。过去的已经成为历史，你可以设法改变以前所发生事情产生的后果，但不可能改变之前发生的事情。唯一能使过去的事情成为有价值的办法就是，以平静的心态分析当时自己所犯的错误，然后从错误中汲取教训，随后再将这种错误忘掉。过去不能回到现在，为过去哀伤、为过去遗憾，除了劳费我们的心神，分散我们的精力，并没有给我们带来一点好处。

当下的一切是完全可以掌握在你的手中的。有句话说得好：“我不能左右天气，但是我可以改变心情；我不能改变容貌，但是我可以展现笑容；我不能控制他人，但是我可以掌握自己；我不能样样胜利，但是我可以事事尽力；我不能决定生命的长度，但是我可以控制生命的宽度；我不能改变过去，但是我可以利用今天。外界的事物左右不了我们什么，重要的是我们当下的心态。”

丁宁曾经是某市有名的小天才，早在小学时，就凭借着过人的智慧，获得了全国计算机编程大赛冠军、华罗庚奥数竞赛冠军，然而10年之后，她却在一家小工厂做临时工。为什么会如此？这源于高考时的一次失利。

2004年，丁宁第一次参加高考。学校的老师一致认为她能考上北大、清华，因为她在3次摸底考试中均列全市前三名。而丁宁本人也是信心满满，认为一定能考个好大学。谁知语文考试就给了她当头一棒，由于在作文上耽误的时间较多，结果试卷没有做完就被收走了。她的心智大乱，接下来的几门，都因为过于烦躁而不是特别理想。

高考一结束，丁宁就知道今年失利了。想着这次失败，她的心里非常难受，日渐消沉。后来成绩公布，虽然比预期要差些，但仍轻松超过二本线。可是，丁宁没有选择上大学，而是决定重新复读。

很快，第二年高考又到了，不过语文考试时，她的心态出现波动，去年的那一幕又在眼前浮现。她害怕失败，可是又控制不住地去想那次失败，结果可想而知。这一年，她的成绩大退步，只考了400分。第三年、第四年，当曾经的同学已经陆续毕业，她却依然在高考中苦苦挣扎。

第五年高考后，丁宁再也扛不住压力了，最后选择了一个技校上学。当年那个风光一时的高材生却因为一次失误，消失在了人们的视线之中。

丁宁的失败，就在于她活在过去的失败里，以致影响了自己的心态，从而使自己一次又一次地失败。其实，人的一辈子谁没有碰到过挫折呢?我们要学会在挫折中成长，不要因为以前的种种而对自己没有信心，过去的只能过去了，再回头也不是原来的。事情发生了，你就要学会思考：为什么会发生这些事情?以后就努力改善自己，努力向前看，这样才能在下次打个漂亮的“翻身仗”。

过去的事情消失在流逝的时光里，你是再也找不回来了，它仅仅代表你生命中流逝的部分，并不代表现在，更不能代表未来。所以，我们无须沉浸在过去的悲伤里。一位哲人这样说：“未来的种子也深埋于过去的时光里，如果你不能正视自己的过去，很难让你的现在和未来开花结果，这可能会导致更多更大的不幸。”

面对现实生活的压力，很多人都迷上了“怀旧”，追忆当年的美好似乎是逃避现实的一种普遍出口。适当地回忆过去也许能够调节生活状态、暂时减压。但是，如果超过了这个度，那么就有些本末倒置了。

花开一季，草木一春，人生在世，谁都想让此生了无遗憾，谁都想让自己所做的每一件事都永远正确，从而达到自己预期的目的。可很多的幻想都败在残酷的现实里。人非圣人，孰能无过。做了错事、走了弯路之后，我们都会后悔，这是一种很正常的自我反省，但是，如果我们紧抱着后悔不放，活在惭愧和自责里，那就有可能毁掉我们的一生。

莫为过去而感到悲伤

人无百日好，花无千日红。人的一生不可能总是一帆风顺，经历过的那些苦难和挫折，我们要学会忘记，这样，我们的梦想才不会搁浅，才会拥有幸福。

一个猎人带着儿子去打猎，在林子里活捉了一只小羊。儿子非常高兴，要求饲养这只小山羊。父亲答应了，将猎物交给儿子，要他先带回家去。

儿子挎着枪、牵着羊，沿着小河回家。中途，羊在喝水的时候忽然挣脱绳子，儿子紧追慢赶，到底没有抓住，到手的猎物就这么跑了。

儿子既恼火又伤心，坐在河边一块大石头上哭泣，不知道如何向父亲交代，满腔懊悔之情。

他糊里糊涂等到傍晚，看见父亲沿河边走来了。儿子站起身，告诉父亲丢羊一事。父亲非常惊讶，问："那你就一直这么坐在大石头上面吗？"

儿子赶忙为自己辩解："我没能追赶上它。后来也四处找了，还是没有踪影。"

父亲摇摇头，指着河岸泥地上一些凌乱的新鲜脚印说道："看，那是什么？"

儿子仔细查看后，惊讶地问父亲："刚刚来过几只鹿吗？"

父亲点点头："是啊！为了那只小山羊，你错过了整整一群鹿啊！"

这就是得不偿失，过去的已经过去了，也成为过去时了，已经不能挽回了，所以眼前就应该好好活在当下。要知道，明天又会是全新的一天，过去无法在你的现在里生存。

有的人会想：过去对我的伤害太大了，我无论如何也忘不了过去。不，你可以忘记的，只需要转变一下当下的心态。你可以静下心来这样想：正是因为过去的不幸，才让自己学会了满足于当下的生活。当时的痛苦都已经承受下来了，难道你还没有勇气去面对当前的生活吗？所以，我们完全可以对过去的任何事情怀一颗感恩的心，这样才能让自己尽快地从昨日的痛苦和烦恼中走出来，世界上没有什么坎是过不去的。

“何必眉不开，烦恼无尽时，一切命安排，当下最悠哉。”做人就应该活在当下，只有心存着对过去的一份美好的感恩，生活就会过得安然而又超脱，也就到达了人生的另外一种境界。

21岁的时候，林菱遇见了张浩，很快两个人深陷于热恋之中，就这样过了整整6年。27岁时，林菱和张浩有了体面的工作，两人也到了谈婚论嫁的阶段。然而，令林菱没想到的是，就在准备订婚的几天前，张浩因为嫖娼被抓，这给了她沉重的打击。自然地，林菱也选择了分手，不再给张浩任何解释的机会。

这件事，让林菱对男人失望了，她变得有些封闭，只和家人及闺蜜一起聊天。遇到陌生男性时，她会选择不说话，更多的时候则是一个人走开。

看到她这个样子，朋友们也很着急，都想再为她介绍一个女朋友。可是，林菱每每听到朋友说这些，就会想起张浩的行为，不由感到恶心。因此，无论朋友给她介绍多好的男人，她也决不会同意交往。

一转眼，又是5年过去了。此时的林菱已经32岁，身边的朋友都有了孩子，自己却依旧孤家寡人，心里不免也有些孤单。后来，她通过朋友介绍和一个名叫赵志的男人交往，虽然那个男人对自己很好，家庭条件也不错，自己也很喜欢，可是她还是顾虑重重，她忘不了张浩的背叛。

“林菱，我知道你曾经受到过伤害，可是你答应我好吗？真的，我不是那种人！”赵志说。

“不，你们男的总会花言巧语，我怕又被你们骗了。”

“林菱，我已经多次和你说过了，我真的不是那样的人！为什么你总忘不了过去！”说着，赵志有些生气了。

最终，林菱还是没有接受赵志的求婚。一年后，赵志结婚了；又一年，他的孩子出生了。从朋友那里得知，赵志对自己的妻子非常好，就像宠公主一般。这个时候，林菱才流下了伤心的泪水。因为她知道，自己其实很喜欢赵志；她也知道，正是自己对过去放不下，才让赵志成了别人的丈夫。

因为一个男人的伤害，林菱记住了一辈子，把自己的幸福锁在了门外，这未尝不是她的悲哀。如果在赵志求婚的时候，她能只看着眼前的这个男人而忘记过去，那么现在她早就做了母亲，而不至于还要空守闺房怨天尤人。

因此，对于回忆，我们可以偶尔想起，但是一定要把它锁在门外，而不是让它与你平起平坐。放弃，是一种智慧、是一种豁达，它不盲目、不狭隘；放弃，对心境是一种宽松，对心灵是一种滋润，它驱散了乌云，它清扫了心房。有了它，人生才有坦然的心境；有了它，生活才会阳光灿烂。

所以，我们不要总把命运加给我们的一点儿痛苦，在我们有限的生命里拿出来反复咀嚼回味，那样将得不偿失、百害无一利；一味地缅怀和沉醉其中，只能使我们意志薄弱，长此以往将必然导致我们错失时机以致一事无成，如此恶性循环，也必然使得我们的痛苦与日俱增。

人生漫漫，失败也是最美的音符

人生各个时候都充满了机遇，随时可以重新开始，把失败当成美丽的音符，你也可以在风雨之后奏响最美的乐章。

从前，有一个樵夫，他靠砍柴勉强维持生计，辛苦了大半辈子，终于为自己建造了一座可以遮风挡雨的房子。

有一天，当他从集市上卖柴回家时，却发现自己的房子着火了。

左邻右舍都来帮着救火，但是由于火势太大，短时间内没有办法把火扑灭，他们只好眼睁睁地看着疯狂的火焰吞噬了整栋木屋。

大火终于扑灭的时候，樵夫的房子也化成了灰烬，这位樵夫没有像一般人那样呼天抢地，而是拿着一根棍子跑进废墟里不停地翻找着。邻居们还以为他在找家里珍藏的宝物，都好奇看他能找出什么稀世珍宝。

过了一会儿，樵夫捧着一把斧头，兴奋地叫着："我找到了!我找到了!"

邻居们看见这把斧头根本不是什么值钱的宝物，都很不以为然。

樵夫却兴奋地把木棍嵌进斧头里，充满自信地说："只要有这把斧头，不久就可以再建造一个更坚实耐用的家了。"

是啊，只要心灵的大厦不倒，一切都可以重建，就像这个故事里的樵夫一样，当大火夺去所有时，至少手里还有那把斧头。有了这把斧子，他就可以从零开始，从头再来，为自己再建一个家园，开创更美好的生活。

在生活中，我们一定也见过那些走在崎岖路上的人们，因为内心有太多的憾恨不如意，而在人生的道路上徘徊不已，在悔恨的泥潭中越陷越深，或许你本身也有过这样的煎熬。然而，为什么明明知道悔恨也于事无补?明明体会到自己在悔恨的深渊中痛苦之极，却仍然不愿意逃离出来呢?大多数是因为我们害怕有太多的惨不忍睹的失败。

"成功是指最终实现了目标，但并不意味着从不受挫折。成功是赢得了整场战争，而不是赢得每一场战斗。"是的，在我们通向成功的道路上，是无比艰辛的，我们总会遇到很多的艰难困苦，但是，面对这些挫折，我们必须要学会坚强，跌倒了，爬起来，忘记伤痛继续前进，我们才能走向成功。我们要知道，悲伤和哭泣只能加重伤痛，所以不但不能悲观，而且要比别人更积极。

在人生的战场上，如果失去了跌倒以后再爬起来的勇气，除去得到彻底的失败，我们还能得到什么呢?所以，我们要不怕失败，走出失败的阴影我们才能收获成功的阳光。

爱德华是世界著名的企业家，不过在他成名之前，生活却过得非常差。爱德华生长在贫苦家庭，最初靠卖报为生，后来在杂货店做店员，又做过管理员，尽管工资微薄，他也不敢辞职。

过了8年，爱德华才有勇气自己创业，谁知竟然时来运转，用借来的50美元发展到1年净赚两万美元。可惜好景不长，他存钱的银行倒闭了，他不但损失了全部财产，还负债16000美元。

“那个时候，我吃不下，睡不着，”他说，“并生了一种很怪的病。当然我知道，这个病的病因就是忧郁。终于有一天，我走路时昏倒在路边，从此只能卧床休息，结果全身都烂了，最后连躺着都痛苦不堪。这时医生告诉我，我大约只能活两个星期了。我大为震惊，只得写好遗嘱躺下等死。这样一来，忧虑也就多余了。”

忘记了昨天的失败，爱德华竟然放松了下来，闭目休养了好几个星期。虽然他每天睡眠不足两小时，但却很安稳，那些令人疲倦的忧虑渐渐消失了，胃口也渐渐好起来，体重也开始增加。

爱德华说：“又过了几星期，我已经可以下地走路了，不过还要借助拐杖。6个星期后我又能回去工作了。过去我的年薪曾达两万美元，现在能找到每周30美元的工作就很高兴了。我的工作是推销一种挡板，我不再后悔过去，也不害怕将来，而是将全部时间、精力、热诚都放在推销工作上。”

就这样，爱德华重新站了起来。又经过几年的奋斗，他成了伊文斯工业公司的董事长。从那以后，他的公司长期雄霸纽约股票市场。如果你去格陵兰，很可能会降落在伊文斯机场，这是为纪念他，以他的姓氏而命名的。

我们的一生真的很短暂，我们没有必要让过去的伤痛和失败占用我们今天的时间，爱德华放下了过去的失败，才打败了抑郁症，最终让自己的事业再创辉煌。

放弃其实是为了得到，只要能得到你想得到的，放弃一些对你而言并不重要的东西，又有什么为难的呢？对过去的失败念念不忘是大多数人的毛病，并且因此给自己带来压力、痛苦、焦虑和不安。这些焦虑和不安都是需要我们放弃的，那些懂得放弃、永远向前看的人，才会得到人生的另一番风景。

在事业上如此，在爱情上也是一样，当我们面对一份已经逝去的爱情时，如果那个令我们朝思暮想的人已经不再爱我们了，抓在手中又有什么意义呢？一个舔着伤口过日子的人为何不选择另一种新的生活呢?放弃,并不意味着失去,放弃了旧的东西,才能让新的东西填充未来,人该有对新生活的憧憬以及勇敢地放弃痛苦生活的洒脱。在放弃之后,你可能会发现一身轻松,太阳是全新的,外面的世界是全新的,那些旧的阴霾都已经消散,迎接你的是美好的明天,我们要知道,只有选择了阳光,我们才会得到阳光。

别让过去的不快绑住了自己的心

忘记是抚慰心灵的一味良药,及时忘记那些让我们不堪重负的伤痛、那些憾恨和不如意,才能使我们收获到更多的快乐和幸福。

有一个人,他总觉得自己的生活很不如意,于是他背着个大包袱找到了上帝。

“上帝啊,我是那样的孤独、痛苦和寂寞,长期的跋涉使我疲惫到了极点;我的鞋子破了,荆棘割破了双脚;手也受伤了,血流不止;嗓子因为长久的呼喊而喑哑……为什么我还不能找到心中的阳光呢?”他问上帝。

上帝笑着问:“你的包裹里装的什么?”

“这里面装的是我每一次跌倒时的痛苦、每一次受伤后的哭泣,每一次孤寂时的烦恼……靠着它们,我才能走到您这儿来,所以,它对我非常重要。”

上帝听了他的话,带着他来到河边,河水哗哗地流淌着,看起来很深。河边有一个木筏,上帝和他一起乘着木筏过了河。

上岸后,上帝说:“你扛了木筏赶路吧!”

“什么,扛了木筏赶路?”他很惊诧,“它那么沉,我扛得动吗?”

“孩子,你扛不动它,也不用扛它。”上帝微微一笑,说:“否则,它会变成我们的包袱。痛苦、孤独、寂寞、灾难、眼泪……这些对人生都是有用的,它能使生命得到升华,但如果时刻不忘，就成了人生的包袱。放下它吧！孩子，生命不能太负重。

青年放下包袱，继续赶路，他发觉自己的步子轻松而愉快。原来，生命是可以不必如此沉重的。

我们很多人都是故事里的那个人，将曾经的经历储存在我们的心灵，背着他们上路不愿放下，总有一天我们会被它们压垮，再也无法继续我们的人生旅程。

我们的一生中，要经历的事情有很多，有成功也有失败，有快乐也有悲伤。聪明的人，总是忘记那些不快乐的事，而记住的却是那些快乐的事。有一个人总是把快乐刻在石头上，把痛苦写在沙滩里，每一次涨潮或海风过后，他就发现他的痛苦没有了，而现在他所记下的只有快乐，于是，他的生活很轻松愉快。心灵承受不了重负，我们总要有所舍弃，在快乐与痛苦之间，当然选择快乐。

我们知道，一味地活在过去的痛苦中，在悔恨和自责中度过，这对自己并不是什么好事。所以，我们总在对自己说："我要扔掉那些回忆，我要扔掉那些回忆……"其实，那些一再强调已经忘了回忆的人，恰恰却还是活在回忆中。我们要想忘记过去的痛苦回忆，最好的办法不是逃避，也不是一味地强调忘记，而是投入全新的生活，让时间为自己疗伤，摆脱过去的纠缠。

事实证明，要想忘记痛苦，开始新生活，摆脱回忆对自己的影响，那么最好的办法就是尽量扩大自己的交友圈，与尽量多的人接触，尽量发现自己的爱好，做一些自己喜欢的事情，起到移情的作用。相信未来的某一天，你会发现再想起那些回忆时，你的心已不再疼痛，因为在你的眼中，那些回忆已经成了别人的故事。

有人说，时间是最好的医生。是的，即使再大的悲伤和痛苦都会随着时间的推移如落叶般凋零。在生活中，如果你总拿过去的伤痛来折磨自己，只会让心灵之船不堪重负，会让这些痛苦不停向前延伸，直至牵制你的未来。岁月流逝，记忆消退，没有什么不能遗忘，要避开一切痛楚，享受快乐时光，我们必须学会遗忘，这样才能让自己获得心灵的解脱，才能让自己生活得更为写意和洒脱。拿过去的痛苦来惩罚自己，又何必呢？学会及时忘记过去的伤痛，才能拥有轻松愉快的生活。

舍掉一些无谓的忧伤与痛苦，让自己的心灵自由，我们会发现，天是那么的蓝，云是那么的白，花儿是那么的漂亮，小草也有它的芬芳。忘记过去的痛苦，会使我们疲惫的神经得到适当的放松，也会使我们乏味与平淡的生活得到点缀，更会让我们看到生活中最美妙的色彩。

让生命之舟轻载

生命就是在一条单行道上旅行，有些记忆是不适合带着上路的。所以，我们要学会遗忘，学会让自己轻装上阵。

杂技团来了两个新弟子，教练刚开始就先教他们走钢丝。两个弟子都没走几步就掉下来了。反复练习还是如此，最后两人都十常沮丧地站在地上，不知所措。这时候，教练走了过来，拍拍他们的肩膀说："走，不停地走，直到你忘记了那条钢丝的存在。如果你忘了这件事，你就算真正学会了，就可以正式登台演出了。"

人生处处充满着意外，我们必须像练习走钢丝一样，带着微笑、抬头挺胸，努力去忘记脚下钢丝的存在，才能让自己走得更稳。

生活中，总有一些人、一些事时刻腐蚀着我们的心灵，曾经的痛苦、曾经的缺失、曾经的遗憾都如一颗定时炸弹一样，会不时地在某一时刻被引发，羁绊了我们前进的脚步。我们要继续向前，就要努力将这些遗忘。否则，一味地沉浸于过去的伤痛之中，不仅会让自己失去当下的快乐与幸福，还会失去美好的未来。

人在生活和工作中，不如意的事情常常会发生，要想让当下的时光过得更有意义、有价值，就要立即调整心态，努力忘记这些不如意，让自己迈出新的步伐，这样才能让自己轻装上阵，快速地达成自己的目标。

有一对情侣，两人从高中时候便开始相爱，大学毕业后，两人来到上海工作。随着两人社会观出现差距，他们开始发生争吵。

半年后，女孩含着泪水离开了男孩，在女孩离开的半年时间内，男孩每天郁郁寡欢、愁眉不展，原本是公司销售标兵的他业绩也一落千丈。

当男孩向公司经理提出辞呈的时候，经理对男孩说："年轻人，你的经历我听说过，我当年也和你一样，但是过去的遗憾已经回不来了，我们不必为了一个已经失去的遗憾影响我们未来的生活。"

男孩说："可是我依然爱她。"

经理说："即使你一辈子都爱她，当她离开的时候，你只能将这份爱放在心里，放在一个小小的角落里。未来的路还很长，与其每天在遗憾中沉沦，不如在遗憾中遗忘。"

生命就是一次长途的旅行，只有勇于舍弃那些无价值的、多余的东西，才能让自己获得轻松和快乐。在生活中，你是否检查过自己有形的与无形的"背包"呢？你的背上扛了多少无价值的、不必要的包袱？比如，你过去的失败、你犯过的错误、你说过的错话、那些让你忿恨的人……是不是一直还背在身上？你准备还要扛多久？背着以前那些不愉快的事，你是否会感觉异常的沉重呢？

如果你希望你的人生旅程是快乐的、轻松的，就应该尽快地放下身上的这些包袱，丢弃掉那些多余的负担，丢掉那些旧的恐惧、旧的束缚、旧的创伤，放下任何你"不值得"背负的东西。要知道，天使之所以能够在高空中飞翔，是因为他有双轻盈的翅膀。当给他的翅膀上系上了多余的包袱，他就可能再也飞不远了。我们也应该如此，只有及时整理、清理背包，才能轻装前进，才能让自己的旅途变得愉快，才能让自己走得更远、飞得更高。

遗忘过去，就是要坚强地正视过去、勇敢地面对现在。在很多时候，我们幸福与否，全在我们的一念之间，既然不能挽回就不要苦苦追求，优柔寡断势必让我们更痛。

遗忘过去，就要潇洒地面对尘世间一些哀伤与泪水，我们应该携带一些微笑与淡然上路。回望来时的路，也应该善于发现曾经的美好。

遗忘过去，就要勇于抛弃那些陈旧的观念和愚傻的念头，将所有的伤痛都遗忘在风中，让明媚的阳光照耀心田。人生短暂，过往如烟云，一切都要自己选择。学会了遗忘，也就使心灵得到了解脱，不要苦苦迷恋一切过去，活在过去的阴影中只会让你步履沉重，只有遗忘过去，才能迎来更为光辉灿烂的明天！

每一段人生经历都是一笔宝贵的财富

我们的一生会经历很多事情：好的、坏的、悲伤的、快乐的、痛苦的、舒适的。每一段都有它独特的作用与意义，每一段都是一个奇妙的故事，每一段际遇都构筑了一道独特的风景，组成了我们漫长的回忆，是我们人生最宝贵的财富。

王明曾是一家公司的高级主管，地位甚高，收入也颇为不菲。后来，由于王明在一项重大决策上作出了错误的判断，亏损严重，使公司最终倒闭了。无奈之下，王明只有到一家小公司做职员，从头做起。虽说历史不会重演，但是某些事情却往往惊人的相似。王明现在的公司恰好又遇到了类似于上一个公司所发生的紧急事件，正当公司处于危难之中的时候，王明顺利地应用上一次事件中的失败经验，为现在的公司扭转了时局。于是，王明现在的公司安然地渡过了危机，他本人也重新顺利地升职，当上了主管，并且更加受到领导的器重。

在人生中的许多际遇中，每一段经历都不可多得，每一段经历都如此宝贵，因为我们可以从中学到很多东西。当我们获得一段经历的时候，往往从中获得很多东西，使我们成长了许多。你必须珍惜每一次的经历，因为谁也不知道，人生中下一步可能会碰到什么。

或许，在这一次里你学会的东西，下一次遇到危难的时候可以帮助你。如果王明没有那次失败的经历，他也不会抓住现在的机遇，也不会再次当上主管，并且获得领导的器重。

人生的每一次经历都不是毫无意义的，每一段都会对我们的人生起到很大的作用。如果说我们的人生是一栋大厦，那一段段经历就是构成大厦的一块块砖、一片片瓦。如果说我们的人生是一艘准备出海远洋的船，那一段段经历就是制成船的一条条木板。如果说我们的人生是一座高山，那一段段经历就是组成高山的一块块岩石。如果说我们的人生是一条大河，那一段段经历就是汇成大河的每一条小溪。一次次的经历组成了我们的人生，不管是好的还是坏的，多了，总是会让我们登上人生的高峰。

哈莉·贝瑞是美国黑人女性的杰出代表、好莱坞当时最红的女明星之一。这位"黑珍珠"集美丽、智慧和坚韧于一身。从17岁开始，就接连不断地荣获令人羡慕的殊荣与奖励。

1985年，她代表俄亥俄州参加全美20岁以下小姐竞选，获"全美青少年小姐"称号。1986年，她参加美国小姐选美竞选，获"美国小姐"、"俄亥俄小姐"称号。1986年，她参加世界小姐服装竞赛，获第一名。1999年，她因《红颜血泪》获金球奖、艾美奖的电视影片类最佳女主角奖。

这位好莱坞最有成就的黑人美女，多年来一直保持着参选美国小姐时的美丽容颜。她的身材被称为"最佳曲线形体"，她7次入选美国《人物》杂志评选的"50个最美丽的人"。

2001年，美国西部时间3月24日下午5点30分，第74届奥斯卡金像奖颁奖典礼在洛杉矶的"柯达剧院"隆重举行。此刻，哈莉·贝瑞凭借精彩的演技在奥斯卡颁奖的历史上翻开了崭新的一页，奥斯卡金像奖终于被黑人演员的成就所征服，一扇向黑人女演员关闭了74年之久的奖励大门终于敞开了。哈莉·贝瑞获得了奥斯卡"最佳女主角"奖，成为奥斯卡历史上的第一个黑人影后。她手捧奥斯卡小金人，将它兴奋地高高举起。

然而，作为黑人影后的哈莉·贝瑞，并不可能永远一帆风顺。2005年2月26日晚，命运同哈莉·贝瑞开了一个天大的玩笑，将她从人生的巅峰抛进了人生的谷底。

在第25届“最差”奖颁奖仪式上，她主演的《猫女》被评为“最差影片”，她也被评为“最差女主角”。她走上了领奖台，用曾经接受过奥斯卡最佳女主角奖杯的那双手，接过了金酸莓“最差女主角”的奖杯，成为第一位亲手接过此奖杯的好莱坞女影星。

她在发表获奖感言时说：“我的上帝!我这辈子从来没有想过我会来到这里，赢得最差奖，这不是我曾经立志要实现的理想。但我仍然要感谢你们，我会将你们给我的批评当做一笔最珍贵的财富。她最后对大家说：“请相信，我不会停下来，我今后会带给大家更精彩的表演。”听到这些话，人们给了她一阵又一阵热烈的掌声。

颁奖结束后，记者围住了哈莉·贝瑞。有人问：“您为什么不怕丢丑前来领奖?”她说：“我认为，作为一个演员，不能只听他人的溢美之词，而拒绝接受别人对自己的批评和指责。既然我能参加奥斯卡颁奖典礼并接过小金人，那么我也就应该有勇气去拿金酸莓的奖杯。”

哈莉·贝瑞的成功之路并不是一帆风顺，但是，最终她却能站在成功的巅峰，一切源自于她面对失败时的良好心态。在人生的旅途中，没有一帆风顺，失败是难免的，就看你如何对待，就像在人生的十字路口，有的人气馁、自责、悔恨、失去信心，而有的人却迎难而上，相信凭着自己的实力能够战胜一切。比别人更相信自己，能让自己的信念更加坚定，能使你站得更高、看得更远。

每一段经历都是我们的财富，只要我们珍惜，只要我们用心去感受，这笔财富总会发光、总会闪耀的。每一段经历都是我们通往成功的垫脚石，只要我们正视每一段经历，只要我们在心中牢记，这块垫脚石就会托起我们，为我们搭成通往成功的阶梯。

若是没有这些经历会怎么样呢?没有了这些经历，我们的人生将会像一幅没有生命的画卷，虽色彩满目，但放眼望去却感觉空空如也。没有了这些经历，我们的人生将会如同一栋没有打牢地基的大楼，在狂风之中摇摇欲坠，没有丝毫的牢固感。没有了这些经历，我们的阅历会枯燥无趣，将会少学到许多东西。

人生的经历如此奇妙，可能会让你兴高采烈，也可能让你垂头丧气。但是不管是什么样的经历，我们都不该忘却，都应该紧紧牢记。每一段的经历都是人生的组成部分，所有的经历加在了一起，就有了我们的人生。每一个构成我们人生的经历都是我们最最宝贵的财富。

人生没有后悔药

时光如流水，姗姗而过，葱郁繁茂时一定要珍视。如果不小心等闲了这青青岁月，错过了妍妍花季，也不要懊悔，因为当最后一滴清水变成泪水时，后悔已无济于事。

山林中有一眼泉水，人和动物都相信这眼泉水就是传说中的如意泉。不管是谁，只要喝了流出的泉水，就可以得到神的赐福，祛病消灾、健康长寿。然而，这不过是个传说，从来没有实例证明过。

一天，有只狼不幸地被猎人下的夹套夹住了，它为了脱身，只好咬断了自己的伤腿。狼一瘸一拐地逃回丛林中，它来到了如意泉边，渴望得到神的赐福。狐狸看到3条腿的狼，带着同情的口吻说道："可怜的狼啊，难道你还想向天神祈求再有一条腿吗？"

狼摇了摇头，说："我并没有指望神能够赐予我一条腿。我只是希望神能够帮助我，让我学会没有一条腿后，也知道如何活下去。"

时光的流逝永远不会停息，所以我们要学会忘记过去的伤痛和遗憾，用心去迎接未来的美好事物。如果反复咀嚼生命中的那一点儿痛苦，一味地缅怀和沉醉在回忆中，也许错失的不仅仅是现在，还有未来。狼是聪明的，也是现实的，它知道神不可能让自己重新长出一条腿，也不可能让时间倒退，改变已经发生的一切。所以狼没有抱怨命运悲惨，也没有因为失去一条腿而陷入痛苦和遗憾中不能自拔，它所想的是未来该怎样活着。

一弯新月悬挂天空，我们错过了凝眸；一段乐曲瞬间涌现，我们错过了感悟；一程风景旖旎幽然，我们错过了欣赏。人生只有一次，我们错过了些什么呢?错过是无奈的，遗憾是无法弥补的，我们大可不必去后悔那些"错过"，世上没有后悔药可买，所以不要找了，还是去积极争取更多的机会和收获吧。

人，之所以痛苦，是因为被错误的东西羁绊了快乐的脚步，既然不开心，就要放下，放下不等于放弃，只不过是将自己引导到一条更正确的路上，更坚定地走向前方。

已经放下了，就不要后悔；后悔不已，就会放不下。后悔会让人懊恼，久久不愿从过去中走出来，可是人生只有走出来的美丽，没有等出来的辉煌。生活就是一个编织成功梦想的过程，要像蜘蛛织网一样，破了也不要后悔，从头继续就可以了。

有一位知名的艺术家气宇非凡。某天，一个女子来敲他的门，她说："让我做你的妻子吧，错过我，你将再也找不到比我更爱你的女人了。"艺术家虽然也很中意她，但仍然回答说："让我考虑考虑!"

事后，艺术家绞尽脑汁地权衡，将结婚与不结婚的好、坏之处分别列下来，才发现好坏均等，真不知该如何抉择……于是，他陷入长期的苦恼之中。最后，他得出一个结论：一人若在面临抉择而无法取舍的时候，应该选择自己尚未经验过的那一个，不结婚的处境我是清楚的，但结婚后是个怎样的情况我却不知道。

艺术家觉得应该答应那个女人的请求，于是他来到女人的家中，问女人的父亲说："你的女儿呢?请你告诉她我考虑清楚了，我决定娶她为妻。"女人的父亲冷漠地回答："你来晚了10年，我女儿现在已经是3个孩子的妈了。"

艺术家听了整个人几乎崩溃，他陷入了深深的懊悔中……之后，艺术家抑郁成疾，临死前，他将自己所有的作品丢入火堆，只剩下一段对人生的注解：如果将人生一分为二，前半段的人生哲学是"选择好"，后半段的人生哲学是"不后悔"。

艺术家为了自己错误的选择而懊悔成疾，最终赔上了自己的性命。其实，人生就是在做选择题，要用自己的一生为自己的选择负责，但不要活在后悔中。选了就选了，即使错了也就错了，放眼将来，日子照样会过得有滋有味。

无论你做了怎样的选择或者要走怎样的路，都有可能种下"后悔"的种子，因为每一样选择不可能一定是正确的，当"不正确"的东西溜走时，这种"失去的东西"总有我们想要留下和值得缅怀的地方。有些机会既然错过了，就别后悔。生活其实就像爬山一样，上山的路线有很多条，只要选择一条坚持走下去就行，最怕的就是登到半山腰再怀疑、再后悔，然后重新修改路线，这样就会延误前进的脚步。只要预先看准了，只要路是通的，就要坚持走下去。

法国作家蒙田说：如果容许我再过一次人生，我愿意重复我的生活。因为，我向来就不后悔过去，不惧怕将来。人的生命是有限的，不要把美丽的时光浪费在后悔中，后悔是于事无补的。这世上有无数的机缘、巧合和邂逅，有无数的人生际遇，我们错过的又何止一个？但我们可以从现在开始去掌管每一次属于自己的机缘，只有把握好现在，才不会制造下一个"后悔"。

其实，没有谁的一生是永远在得到而不曾失去，那些你曾丢失了的东西也已经在不经意间、在时光的磨砺下变质了，如果苦苦追寻，结果只会是失望而已。那么，当曲终人散、英雄末路时，不要难过，也不要后悔，整理好自己的衣衫，微笑着走向下一个路口。

第8章

错过就错过了，得不到的未必是好的 淡然的人生不强求

《泰坦尼克号》的男主角杰克说："当你喜欢我的时候，我不喜欢你；当你爱上我的时候，我喜欢上你；当你离开我的时候，我却爱上你，是你走得太快，还是我跟不上你的脚步？我们错过了诺亚方舟、错过了泰坦尼克号、错过了一切的惊险与不惊险，我们还要继续错过。"

的确，在冥冥中，有些人、有些事注定要错过，注定得不到、抓不住，只有放开手，才能还自己一片自由的天空。

人生的风景并不是只有一处

生命的灿烂与辉煌并不是只在一个地方拥有，只要释然一些，放下过去，用一颗感恩的心看待过去并希冀未来，你终究会看到另一番风景的。

有一个男孩和女孩在一起6年了，女孩一直以为他们可以相爱到天长地久、海枯石烂。可是，就在她为他们的感情而憧憬幸福时，男孩却向女孩提出了分手。一时间，女孩觉得她的天塌了，她崩溃了。她跑到男孩的单位质问男孩为什么，男孩只是简单地说不爱了，说他们彼此在一起太累了。

女孩很是伤心，每天都以泪洗面，她还是不愿相信两个人的感情就这样没了。于是，她经常给男孩打电话，诉说她对他的思念之情，男孩很烦，但是女孩依然不放弃。

到后来，男孩似乎很快就开始了一段新的感情，并没有把女孩的悲伤放在心上，女孩很是伤心，到男孩的单位中大叫大骂，最终男孩因为忍受不了女孩的是过分纠缠，一气之下就将女孩杀害了。

因为女孩不懂得放弃，最终使爱成为了一种伤害，是得不偿失的，也是十分遗憾的。所以，在生活中，当爱成为彼此间的一种束缚时，一定要学会放手，给彼此充分的自由，这样才能在对方面前保持起码的自尊，才能让爱成为生命中一种永恒的美丽。

给对方自由，也是给你自己一份快乐与自由。要知道，人世间曾有太多的令人心碎的安排，过于执著只会给彼此带来疼痛、一种悲哀，一种伤害。所以，我们要顺其自然。退一步海阔天空，学会放手，学会给对方以自由。给他爱你的自由，也给他不爱的自由，这样，不也正是一种美丽吗？

天涯何处无芳草，人间自有真情在，自己的柔情一定会有人读懂。既然双方都疲惫了，不妨让彼此都休息一下，别在失去感情的同时也失去了自尊。这时候，你可以静静地坐下来，抬头看看天、看看树，再洗把脸，听支歌，读一段小诗，梳梳头发、照照镜子，看看里面的那双眼睛是不是还过于炽热。告诉自己：你并没有失去什么，那些不属于自己的东西是注定得不到的。

不是每一朵花都能够如期地开放，也并非每一朵开过的花都能结出果实来。对于感情来说，当你爱一个人而得不到回报的时候，在你付出千般努力也无法得到一个许诺的时候，在你因爱而受伤的时候，千万不要再继续与自己较劲了，要学会放手，给彼此自由。否则，带给你的只有无尽的痛苦和烦恼。

从前，有个书生在进京赶考前与他的未婚妻约好，等他回来后，就于某年某月某日与其结婚。

几个月过去了，书生从京城赶考回来了，而他的未婚妻却嫁给了别人。书生很受打击，心里难过极了，从此就一病不起。

这时候，书生家门前路过一个僧人，说自己可以看好他的病，书生就让其进了家门。僧人没有给书生把脉、开药方，而是从怀中拿出一面镜子给他看。书生看见镜中一片茫茫大海，一名遇害的女子衣不遮体地躺在海滩上，旁边路过了许多人，但是这些人都是看一眼，摇摇头就走开了。

又路过一个人，将自己的衣服脱下来，将女子盖上后就走开了。一会儿，又经过一个人，走过去，挖了一个坑，并小心翼翼将尸体掩埋了。

书生十分惊愕，那个僧人却对书生解释道："那具海滩上的女尸，就是你未婚妻的前世。而你是第二个路过的人，曾经只给过她一件衣服。她今生只有缘与你相恋，只为还你一个人情。但是，她最终要报答一生一世的人是前世曾将她掩埋的那个人，那个人就是她现在的丈夫。书生随即大悟。

看了这个故事也许你会感到释然。是的，有些东西注定不属于自己，何必要苦苦与命运抗争呢？这个世界上没有永远的激情，没有一成不变的事物。人生好似花开花落，周而复始，没有永远不凋谢的花朵，没有永恒不变的感情！真爱一个人，不一定要拥有；真正的爱情，也不一定就会天长地久！如果你爱一只鸟，就给它飞翔的自由，给它享受蓝天的自由，给它品味风雨的自由；爱一个人，就给他爱的自由，给对方选择的自由和拒绝的自由，这是爱情最高的境界。

人生的风景并不是只有一处，在你为逝去的美景哭泣的时候，眼前可能是一幅更美的画卷。不要沉醉于过去的情感，失去了意味着这段情感不适合你，一段更好的感情正在等待你。不回过头，你怎能看到眼前的美景？不放下过去，你怎么会获得自由？

人生犹如一部戏，我们每个人都是戏里的主角，每个人都不可能把自己的角色演到极致而不留一丝遗憾，没有遗憾的人生不是完整的人生。放下过去，还给彼此自由，让彼此生活得更好，这才是真正一段完美的感情。所以，当你被某些事情缠绕得心力交瘁的时候，一定要告诉自己：只有放下，才能重获快乐和自由！

坦然面对失去的爱情

失去一段人生中最缤纷的感情，其伤害对于恋爱中的双方而言，也许都是刻骨铭心的。但我们的生活仍要继续，坦然地面对失去的爱情，我们才能获得幸福生活。

一场突如其来的大雨，让街上的行人都匆匆忙忙地往前跑，其中不乏有形式各异的狼狈之相。

只有一个人不紧不慢，甚至可以说是以一副优雅的姿态在雨中踱步。

旁边跑过的人十分不解，大声冲他喊道：“你怎么不快跑啊？”

那个人缓缓地答道：“急什么，前面不也在下雨吗？”

我们不去评判这样的做法是否过激，但如果从另一个角度来看，当人们因突遭风雨而匆忙奔跑的时候，这个还能淡然、安定地欣赏雨景的人，一定是深谙从容的生活智慧的。

世间有很多事情都是难以预料的，有时候，我们会受到幸运女神的眷顾，收获意想不到的幸福，例如爱情、例如受到老板的赏识，甚至买彩票中了大奖，等等；但同时也会突发一些状况，让许多人感到痛不欲生：生意的失败、与恋人分手、亲人的离去……

世事无常，人的一生中会遇到很多“不按常理出牌”的时候：春风得意的时候却突然发生一些让人灰心丧气的事情；正准备要好好努力挣钱的时候，突然之间，意外之财从天而降，让我们不知所措。或者大悲，或者大喜。

往往，人们很难做到从容地面对意外，所以各种烦恼接踵而至。事物本身带给我们的影响远远不及我们面对时的态度。千百年来，范仲淹只有一个，真正能做到“不以物喜，不以己悲”的人却寥寥无几。在现代社会巨大的竞争压力下，淡定从容就更显得是一种难得的境界了。

如果一个人能有意识地把荣辱得失皆从容的心态融会于生活的方方面面，那么就会在所谓的失去或错过后体会到一种简单的幸福。比如婚姻，更是如此。

婚姻中，以一份平和的心态，安然地看待得失，得不忘形、失不落寞。如此，婚姻中相依相守的实质才会显现出来。因为，真正美好的情感是不会被时间冲掉，也不会被空间带走的。那个真正爱我们的人永远都不会走，他们有时只是站在我们看不到的地方，默默地关心和祝福着我们。这才是世界上最纯净而又恒远的幸福。

如果失去了，不妨调整心态、豁达胸襟，敢于面对现实，认真分析形势，更加珍惜现在的拥有。如果为一时的失去而耿耿于怀、不能自拔，就永远走不出“失”的阴影，看不到“得”的危险，那么，快乐与幸福将永远与我们无缘。

有一首耳熟能详的老歌中唱道：“曾经在幽幽暗暗、反反复复中追问，才知道平平淡淡、从从容容才是真。”就像辜鸿铭先生说的，一个人如果能受得了一切寂寞与平淡，才是真正的修养到家。

世间有很多事情都是难以预料的。同时我们也应该认识到，在这个世界上，没有什么事物是永恒不变的。基于这样的前提条件下，在遇到一切荣辱得失的变动时，我们就不会那样惊慌失措、患得患失。以淡定、从容之态，面对各种突发和意外。

这是一位离婚女士写的博客：

“你现在做什么呢？是不是已经结婚了，很快乐地过着自己的日子？我想了无数次要离开这里，离开这个伤心之地。但是我还有自己的责任，我必须挺住，直到最后一刻，直到佛陀召唤我的时候。多么希望那一刻早些到来，我可以微笑地走到另一个世界，微笑地看着你。能够每天看着你幸福地生活，我心满意足。

可是对于现在发生的一切，我没有一点挽回的办法，我的心在哭泣、在流血。佛陀，你愿意帮助我吗？我愿意付出一切，来实现自己那平凡的心愿，哪怕下辈子受苦……”

这是一位有过3年婚姻，最后被婚姻背叛的女性写下的一番刻骨的话语。3年里，没有见过她的笑脸。而她也不能听到悲伤的情歌和与上段婚姻相关的词语。她说：“无论是闭上眼睛还是睁着眼睛，事情就好像发生在昨天，怎么也抹不去。”

就因为她始终走不出悲伤的情绪，让一段原本可以开始的崭新爱情在有可能来到的幸福面前戛然止步。

爱上她的是一个没有婚姻经历的小伙子。因工作接触，爱上了她的温柔和善良。

交往了一年后，小伙子向她提出回家见见父母，把婚事定下来。她却犹豫不决，虽然最后同意了，但那一天她还是失约没有出现。

最后，小伙子只好黯然离开。

失去一段人生中最缤纷的感情，其伤害对于婚姻中的双方而言，也许都是刻骨铭心的。生活的点点滴滴早已深深印在记忆里。可人生不会因为离婚就终止，不能因为错过了就绝望，人的一生难免有伤痛，但不要因为一场失败的婚姻就损毁了自己一生的幸福。

世界上只有两种可以称之为浪漫的情感，一种叫相濡以沫，另一种叫相忘于江湖。而人生中最令人惋惜的莫过于，因为错过了一棵树，就错过了整片森林；因为摘不到一颗星星，就放弃了整片天空。等年华不再时才发现，因为错过一次，所以错过了所有。

如果那个人能与你相濡以沫，一生只爱一个人，便是人生中最大的完满。但是，如若一生只爱一个永远得不到或错过了的人，那只是一种激烈的偏执。也许在不远的将来，当我们获得真正属于自己的幸福之后，自然就会明白以前的放弃其实是一种更好的得到。不能相濡以沫，就一定要相忘于江湖；否则，只会错过更多。

生活就像一条向前流淌的河流，从不回头。错过了、失去了，就一定要坚定地放过。与不爱的人相忘于江湖，才能有机会与相爱的人相濡以沫。走出阴影，沐浴在明媚的阳光中。不管过去的一切多么痛苦，都将它们抛到九霄云外去吧。不要让担忧、恐惧、焦虑和遗憾消耗我们的精力。面对已经失去的，从容而淡然地接受，然后真实、勇敢而快乐地生活。

幸福没有彼岸

幸福是人们的渴求在被得到满足或部分被得到满足时的感觉，是一种精神上的愉悦。只有懂得幸福的人，才能被幸福包围。幸福没有彼岸，它无时无刻不在我们的心中。幸福没有报酬，它愿意一生为我们服务，我们同样愿意与幸福相守。

杯子对主人说："我很寂寞，给我点儿水吧！"

主人问："如果你拥有了想要的水，就不会感到寂寞了吗？"

杯水说："应该是吧！"

于是，主人把开水倒进了杯子里。水很热，杯子感觉自己快要被融化了。它想这也许是爱情的力量；水慢慢地变温了，杯子感觉很舒服，它想这就是生活的感觉吧！水渐渐地冷却了，杯子很害怕，但它不知道自己到底怕什么，它想也许这就是失去的滋味吧！水凉透了，杯子很绝望，它想这是缘分的杰作吧！

杯子呼唤着主人："主人，我不需要水了，你把水倒出去吧！"可是，主人不在。杯子感觉自己压抑地快要死去，它开始憎恶凉凉的水，心里难过至极。

杯子用力一晃，水终于走出了杯子。杯子很开心，却不料自己掉在了地上，它碎了。临死之前，它看到自己心里的每一个地方都有水的痕迹，这时杯子才明白，原来它深深地爱着水，可惜它再不能把水完整地放在心里了。

杯子在拥有水的时候没有珍惜，殊不知从热情到冷却是爱情的必经过程，无论怎样轰轰烈烈的爱情最终都要归于平淡的生活。最后，杯子失去了水，在它生命即将消逝的那一瞬间才恍然大悟：失去了永远都失去了，后悔无用。

无论是冗长还是短暂的恋情，若是能换来有情人终成眷属，在很多人看来就是爱情的完美结局。然而，幸福不是一劳永逸的，倘若不懂得珍惜彼此，美梦成真之时也许就是噩梦的开始。很多人就像寓言中的杯子，等到失去的时候才后悔当初不该轻易地错过，只可惜人生没有彩排，错过了就是一辈子。

"东风夜放花千树，更吹落，星如雨。宝马雕车香满路，凤箫声动，玉壶光转，一夜鱼龙舞。蛾儿雪柳黄金缕，笑语盈盈暗香去。众里寻他千百度，蓦然回首，那人却在灯火阑珊处。"辛弃疾的一首《青玉案·元夕》，让古今多少痴情人信而往之。

当一份心仪已久的感情出现在你面前时，那就请你用心去拥有吧！人生又能有几次这样的心动？不是每一次回首，都能看见有人在那灯火阑珊处立而等待的。一旦发现了，就该去珍惜和爱护，彼岸的幸福其实就在脚下；天涯，亦咫尺。其实，我们的身边不乏一些人，苦苦追寻自己失去的爱情，抱着回忆不放，而忽视了身边真正爱自己的人。爱可能在一瞬间就会离你远去，而对于失去的爱，就不要再留恋，并不是谁离开了谁就无法生活。遗忘你的人，你也不要恋恋不舍，别让爱成为苦果，最终伤害的还是自己，我们要懂得珍惜我们现在的生活。

男孩和女孩在同一所学校。一天，女孩收到了男孩写给她的情书，女孩看了一眼信后的署名，说了一句极其伤人的话："如此不起眼的一个男生凭什么追求我？"那时她有资本，不仅年轻漂亮，并且特别聪明，学习成绩在学校里每次都是第一，女孩在男生的眼里简直就是可望而不可及。

男孩听到女孩甚是伤人的话后并没有伤心，而是认真说道："凭爱，爱有公平的权利!”她被他这句话怔住了，看了男孩好半天，然后，漫不经心地甩下一句：“那你就耐心地在后面排队吧!”

元旦，学校组织舞会，学校里的白马王子枫深情地向女孩表白：“我爱你，我想让你陪伴我一辈子!”女孩被枫折服了。女孩幸福地任她的王子紧紧拥抱着，心甘情愿地被这位王子牵走了那颗骄傲的心。枫出自名门，既聪明又帅气，对她更是痴迷心醉。于是，在众多的追求者中，女孩选择了枫。女孩在偶尔间的回眸中，看到了那个苦苦追求女孩的男孩，男孩在欢呼的人群中默默地走开了。

然而，期望总是与现实相背离，好景不长。枫毕业后就去了国外，留下的是女孩无尽缠绵的相思和眼泪。几点忧伤，几许烦愁。可是，女孩依然等着远方看不到的枫。这时，这个男孩仍然是执著地不离不弃，他问她：“现在，我在你心中排在第几位?”女孩掉下了眼泪，她被他的爱感动了，她决定嫁给他。

“现在请新人交换戒指。”证婚人拿着话筒中规中矩地主持男孩和女孩的婚礼。可是，女孩突然惊慌失措地跑开了。“感动并不能代表爱情，我不能因为感动而步入婚姻。”女孩如是说。于是女孩离开了。在信中写道：“给我3年的时间，在这3年里我们都可以交朋友，如果心里真的离不开对方，我就回来，嫁给你做你的老婆。”在3年里，女孩试着去忘记枫，在最后的一年，女孩也试着和另一个男人谈恋爱，有一天这个喝醉酒的男人居然打了她。随后，她拼命地朝着车站的方向跑去……她终于想通了，原本如古井般的内心早已因为那个男孩而流出了暖暖的爱意。一路上，她不停地对自己说：“我要站在他的面前，然后告诉他：我爱你。女孩想着男孩一定很惊讶，他一定笑得无比开心。

男孩家的门开了，可是她却看到他的身后站着一个漂亮、纯净的女孩，男孩走过来对她说：“这是我的女朋友，她来为我过生日。”女孩的大脑里一片空白，女孩淡淡地笑着对男孩说：“我出差路过这里，来看看你……”

男孩送走女孩时，悠悠地说道：“你从来都不记得我的生日。”

女孩背过身，眼泪控制不住地涌出来。一个爱了她整整10年的男人的生日，她竟一次也没有记住过，而一直在等枫，最后，却让自己失去了真爱。

我们常常念念不忘曾经为他而付出的温柔，相见时爱，离别时爱，在故人早已离去的时候依然难以忘怀曾经许下的诺言。站在窗前，望着远方的那棵曾经相依的树，那淡淡的忧愁不禁涌上心头，不痛苦，却不释怀，在淡泊之时却又丝丝地不舍。

当我们被命运散落在清凉的寂寞中，就拼命地追求繁华，想让那火红的生活燃烧自己的生命；当我们被繁华重重包围之时，精神却疯狂地寻求突围，总觉得繁华好似指间沙，握不住，留不下，想让那清凉的寂寞来冷却一下炙热的灵魂。

其实，我们需要的，只是简单地聆听内心的声音，跟着感觉走，爱情原来一直都在灯火阑珊处，无奈雾里看花摸不透。在爱情的道路上，一味地向前走，以为幸福就在前方。殊不知，在身后的某个地方，有个人一直在原点等着自己，默默地守候。幸福的彼岸，或许就在脚下。昂扬地环顾四周时，猛然低头一看，真爱就在那里，简单得令我们几乎认为自己从来不曾拥有。

谁也预料不到自己会在什么时候遇见什么样的人。人生总是很奇怪，每天，我们总是在熙熙融融的人群中擦肩而过。也许在我们曾经年少时，也会偶尔留意从身旁匆忙走过的人，幻想着如果在街上相遇也是一种缘分，然后在阳光下笑自己太傻、太天真，怎能去幻想这样美好又浪漫的相遇？想起一个人的孤单落寞，转身却望见阑珊处的他，心里的幸福才如春天里疯长的花藤枝蔓。遇见爱，如此简单，又如此难得。唯有彼此珍惜、相持相携，才是岁月静好里最美的风景。

错过也是一种美丽

人的一生总要错过很多，错过之后总会有人在遗憾、后悔，殊不知错过有错过的美丽。也许正是你的错过，才成就了如今的完美。

一个人坐在轮船的甲板上看报纸。突然一阵大风把他新买的帽子刮落到大海中,他用手摸了一下头,看看正在飘落的帽子,又继续看起报纸来。另一个人大惑不解:“先生,你的帽子被刮入大海了!”“知道了,谢谢!”他仍继续读报。“可那帽子值几十美元呢!”“是的,我正在考虑怎样省钱再买一顶呢!帽子丢了,我很心疼,可它还能回来吗?”说完那人又继续看起报纸来。

这就是人生,当你对眼前自认为美好的事物想象着它的真实面目时,一旦你看到它完全相反的本真时,自己的心灵就受到了重重的打击。所以说,错过有错过的美丽,错过并不意味着失去,而是意味着你可以保留对它的完美想象,而不是见到本真的失望。

在我们的生命中,有很多珍贵的东西,但我们却总因为这样或那样的原因没有及时地把握住,最终只能眼睁睁地看着它远去,我们会为此哀伤、难过,认为自己可能永远失去了。其实,大可不必如此,在很多时候,错过也是人生的一种美丽。

肖枫是一个事业有成的男人,而英是一个普通的“上班族”。

一天,突然下起了瓢泼大雨,英忘了带伞,她只好无奈地站在公交站牌下等车。雨下个不停,英的公交车还没有来。眼看这车站上的人一个又一个上车离去,英顿时很懊恼自己今天竟是如此的粗心。

肖枫开着车子在雨中行驶,他开得不是很快,他喜欢下雨,喜欢看雨中的一切,忽然一个靓丽的身影映入眼帘。在公交车站旁站着一个女孩,个子虽不高但长得很有气质,雨水淋湿了她额前的秀发,肖枫看着看着,竟不由自主地放慢了车速,最后停在车站的路边。

一辆又一辆公交车来了又走,女孩依然在车站等待,也许是她的车还没来吧。肖枫这样想。其实眼前的英很让肖枫动心,雨中的她显得很纯净自然,就像一朵刚刚盛开的白玉兰,纯净得让人忍不住多看几眼。

肖枫就这么看着,他不知道自己能不能邀她上车,然后送她回家,因为他们素不相识,即使他邀请了她,她也未必会答应。肖枫在心里猜测着。

雨就这么下着,肖枫就这么看着,英就这么等着。

终于,英的车来了,她上车走了。肖枫看着她上了公交车,看着她在公交车里行走,他忽然觉得自己很失落。是因为她吗?他们并不相识,可是为什么自己不邀她上车呢？难道自己真的喜欢上了一个素昧平生的女孩？肖枫摇了摇头，发动了车子。

就这样，肖枫和英继续着自己的生活，英并不知道那天有一个人在注视着她，并不知道当时的她在别人的心里激起了层层涟漪。

肖枫曾后悔自己没有走出车子，假如当初他走出了车子，也许他现在就知道她是谁了。可这都是假如。肖枫独自笑了笑，其实错过了也好，虽然错过了，但在他的心里留下了美好的回忆，这也是一件美事，何况自己真的邀请她上车，她也未必会同意。与其遭到拒绝，不如就这样错过，错过并不代表失去，更何况自己并没有得到她，哪来的失去呢？

人的一生总要错过很多，错过之后总会有人在遗憾、后悔，殊不知错过有错过的美丽。也许正是你的错过，才成就了如今的完美。

生活中总有太多的错过，几多忧愁、几多相思。当我们停留在错过的遗憾的不经意间，许多更美好的事物和回忆与我们擦肩而过。也许那些在不经意间错过的才是最美好的，如果我们只会停留在眼前错过的伤感中，那么我们会错过更多。

人们总喜欢把错过和失去当成是人世间最遗憾的事情，为什么不把错过看做人生最美的邂逅呢？凭着自己对未来的憧憬，告诫自己努力前行，在每一个相思的日子里，在每一个翘首以待的时刻，幸福地过着今生的分分秒秒，这样的错过也是人生一道美丽的风景。或许，这一次的错过也许是下次邂逅的开始，错过并不意味着失去，而是意味着更完美的开始。

面对这些无法把握的情感，也许我们能做的，就是无论付出多少，都要用心好好地去珍惜，努力去用心经营着这份感情。纵然是无缘时的别离，至少留给自己的不会那么遗憾。得到也罢，失去也罢，至少我们努力过。

不管爱情是怎样的结局，都不要忘了自己还有更远的路要走，还有更深重的责任。爱情会痛，放弃同样也会痛。当昨日的幸福、放存的痛楚在内心的坚忍中淡化成一道痕迹，在柔肠百转之后也许会恍然大悟：原本还有更美好的爱情在身边。

我们身边的真情并不只是爱情，面对亲情和友情，我们同样要懂得珍惜，能够在这世间一起走过，同风雨、共甘苦、便是缘分。

爱情，不需要比较

如果有了一段过去的爱情，那我们不如把它埋藏在心里的某一个角落。当新的爱情来临的时候，我们就要满怀欣喜和勇气地去迎接它。不要把尘封已久的上一段感情和现在的作比较，因为爱情不是用来比较的。

曾经，有一对情侣很甜蜜。

女孩总喜欢问自己的男友："是我好，还是你以前的女友好?"或者是："是我漂亮，还是你以前的女朋友漂亮?"每次，男孩都会被这样的发问弄得既尴尬又扫兴。

一次，女孩无意中得知男友的银行卡密码是他前任女朋友的生日，女孩大发雷霆，觉得男友还爱着以前的女孩，很伤心地向男孩提出分手。

这一次，男孩显得也很生气，但他认真地对女孩说："现在的我们感情这么好，为什么非要总把以前的事情摆在眼前，让我们两个人起争执呢？我爱的是现在的你，不是过去的她。不要再去比较了，那是没有意义的！"

女孩仔细想了想，认识到是自己太任性了。总是去碰触他曾经的伤疤，也许他回想起来会更痛苦。既然他现在选择的是和自己在一起，那么又何必在意他曾经属于过谁呢。

比较，多数会带来许多阴暗和不愉快的感觉，比较也是在挑拨我们的野心，在诋毁我们已努力过的一切，让所得到的也变得毫无生机和意义。比较是危险的，它让我们总是忽略或不满意手中已经拥有的，而一旦忽视，已拥有的就会在我们心灵之间悄悄溜走。

其实，真诚的爱都是一样的。但既然已经选择了分手，必定会有一些怎么也不能够在一起的原因。如此，我们何必因为过去的虚无而错失现在的幸福呢?对他的宽容，也是对感情的宽容，更是对自己的宽容。不要在比较中把握不住现在的拥有。

另一方面，比较似乎会让人上瘾。只要尝过一次“更好”的滋味，就想寻求更多的“更好”。我们的眼睛总是盯着别处，而看不到自己眼里的风景。

印度思想大师奥修说过：“玫瑰就是玫瑰，莲花就是莲花，只要去看，不要比较。”的确，海边的落日就是海边的落日，高山上的夕阳就是高山的夕阳。因为时间、空间等因素的不同，二者本身就不具有可比性。往往，美感会在比较中丧失。只要相互一比，我们就无法用最美的心情来感受当下；只要这么一比，我们其实就已经错失了当下的美丽。

在爱情中相互比较是最可怕的，因为我们会在比较中对自己已经拥有的无法欣赏，进而无法满足。所以，爱情根本不需要比较，既然曾经选择牵手，就不要随便说放手。爱情的主角应该是你和他两个人，只要适合自己的，就是最幸福的。

芳高挑而曼妙，婚后几年依然美丽。她的婚姻似乎和她的相貌一样完美，丈夫几乎让她享尽世界所有的甜蜜，除了他们的物质条件和丈夫的相貌：他们并没有宽敞的房子，而丈夫的个子甚至没有芳高。

生活在平淡中一天天度过。平淡久了，终究也就有了厌烦。当厌烦到快要麻木的时候，芳邂逅了一个丈夫之外的男人，那个男人似乎让她看到了一个全新的世界：俊朗的外貌、挺拔的身姿，关键是，他给芳买了一套房子：地段好，面积大。

芳决意离婚。

丈夫久久无语。

漫长的沉默中，芳拿出小剪刀开始修剪指甲。可是小剪刀有点儿钝了，不大好用。

“你把抽屉那把新剪刀递给我一下。”芳说。

丈夫把剪刀默默地递到她面前，芳忽然发现，丈夫递给她剪刀的时候，刀柄的方向朝向她，刀尖朝着他自己。

“你怎么这么递剪刀呢?”她有点儿奇怪。

“我一直都是这么给你递剪刀的。”丈夫说,“这样万一有什么意外,也不会伤到你的。”

“是吗?”她毫不在意地反问了一句,心却忍不住轻轻一动,“我从来没注意过。”

“那是因为这太平常了。”丈夫静静地说,“我从没有说过,因为我觉得这没有必要说,其实我对你的爱也是如此。从我爱上你的那一天起,我就告诉自己,要把最大的空间给你,要把最大的自由度给你。就像刚才递剪刀时把刀柄给你一样,把爱情的生杀大权给你,让你不会受到伤害,最起码不会从我这里受到伤害。也许我给不了你那么大的房子,也给不了和你一起上街时别人羡慕的眼光,可这就是我对你的爱。”

听着丈夫这一句句的心里话,芳早就泪水汹涌而出,紧紧地抱住了丈夫。

所有的比较在这份细腻到已经融入生命的爱的面前,都是那么的猥琐而不值一提。当用内心去体验时,怎能不被拥有这样的幸福而感动?

的确,爱情不需要比较。一份适合自己并令双方满意的爱情,对任何一个人来说都是最好的。因为,爱与被爱都是幸福的。爱情无法丈量,也不能称重;别拿你的他和别人比较,也不要把现在“你们”的爱情和过去“他们”的爱情相比较。

首先,别人的爱情与自己无关。即使被很多人追捧的人,也未必适合你;即使是大家都不看好的那一个,也许才是你的真命天子。答案取决于你的感受,而非他人。更不是为了满足那种争强好胜“不服输”的虚荣心。

不管对方曾经怎样,最重要的是当下如何、是不是和你相处和谐的人。鞋子和脚的关系,舒适是第一位的。我们应该认识到,婚姻关系和恋爱关系的正常解体并不是什么丢人的事,如果分手对未来有好处的话,就应该积极看待,至少没有让错误继续下去甚至扩大的必要。如果不是出于爱情,而只是证明自己的魅力或者控制欲,通过恋人对自己的百般呵护和绝对忠诚来找回自信,那么结果一定不会很好。因为这样就等于已经把自己的愉快和幸福寄托在一些不确定的因素上,受制于人。

俗话说:山外青山楼外楼,比来比去何时休?好只是相对的,成就幸福最简单的方法就是:怀着一颗知足的心,守护好当下已经拥有的。

有些人你永远不要等

生命不需要无谓地执著，渴望真感情是人之常情，渴望有人陪伴也是无可厚非的，但爱情不是单相思，你的一厢情愿只能给所爱之人带来负担，如果他被迫接受，那么两人只能同时痛苦。

草原上有一匹野马在闲逛，一个牧人在远方窥望。野马爱自由，而牧人爱野马。牧人想尽了办法，终于将野马套住了，他非常兴奋；而自由的野马被人用绳索套住，丧失了自由，它感到无比悲伤。

牧人对野马百般呵护，却始终换不回野马的真心归附。看着野马忧郁的眼神，牧人有些于心不忍，可若是让它离去，又心有不甘。时间长了，野马的忧郁变成了狂暴，没有人能够靠近它，牧人也不例外。看着野马哀怨的眼神，牧人似乎能够体会到它的绝望与愤怒。

终于有一天，野马安静了下来。它的目光里没有了悲愤、不安、焦虑、狂躁和无奈，有的只是平和与安详，它慢慢地走近牧人，这样的举动使牧人喜出望外，牧人为野马套上辔头，戴上马鞍，野马任凭牧人“摆布”。

牧人第一次骑在了野马身上，却没想到野马在长嘶一声中背着自己疯狂地向悬崖边奔去……

牧人与野马之间的情感是单方面的，野马向往的是自由，而不需要牧人的悉心照料，无论牧人怎么做，野马也不会接受他的怜爱。然而牧人却没有领悟到这一点，仍旧一味地付出，最终酿成了悲剧。人世间的爱情也是如此。

痴心的单恋很感人，但却不完美；就算你的痴心不是为了占有，就算激情没有化为伤害，但如果不能变成相爱，那么这份感情依旧是残缺的，你的心也感受不到幸福。要知道，单方面的付出并不是真正的爱情。所以，当你喜欢上一个人的时候，对方不一定会了解你的爱，就算他感受到了你的那份真心，也未必会接受。在这样的情况下，如果你非要固执地坚持，结果只会让自己陷入痛苦的泥潭。

棠景一直以来都认为要结婚就必须谈上三五年的恋爱，否则婚姻就不会幸福，可是她错了。如果是彼此相爱又适合的两人，即便是闪婚，也未必过得不好。当然，这个道理也是棠景历经了5年才明白的。

棠景是个痴情的女子，上大学的时候她就爱上了同校的江滨。为了赢得江滨的好感，棠景帮江滨洗衣服、买生活用品，江滨每次参加校内的篮球赛，棠景都会去看。虽然江滨告诉棠景自己还不想恋爱，但棠景相信，只要自己真心付出就一定能等来江滨的爱。

离开学校后，江滨在市内一家公司做技术工程师，棠景为了能够和江滨在一起，毅然放弃了父亲在家乡为自己找的工作。她下班后经常去江滨单位附近等他，有时周末还主动煲汤给江滨送去，可是落花有意，流水无情。终于有一天，江滨告诉棠景，他有女朋友了。这个消息让棠景无法接受，她哭过、闹过，可事实终究无法改变。再后来，江滨与女友结婚了，棠景的希望彻底落空了，她带着满心的痛苦回到了家乡。在没有江滨的城市里，棠景依然无法忘记那个自己深爱着的男人。无论谁给她介绍男友，她都宛然拒绝……直到遇见了徐正。

徐正是个画家，棠景是在一家咖啡店里与徐正相识的，他们第一次见面的时候，徐正送了她一幅画，就是棠景在咖啡馆里沉思的一幕。那一刻，她突然感觉被关注是如此幸福……经过几个月的相处，棠景发现徐正和自己如此投缘，而且和他在一起的日子让自己渐渐忘记了曾经的不快乐。

棠景觉得自己很幸福，她珍惜这种幸福，并渴望这种幸福可以延续下去，于是她嫁给了徐正。婚礼上棠景抱着爱人徐正哭得一塌糊涂，别人都以为她是喜极而泣，可只有她自己知道，那些眼泪里饱含的是她这几年所有的心情。

棠景用了5年的时间明白了真正的爱情不是单恋，而是双方心灵碰撞出的火花。她对江滨的单恋，迟早会被搁浅，渴望与其共度一生也不过是心中的幻想。还好，最后她遇见了自己的真命天子，及时抓住了爱情，没有让自己成为幸福的过客。

生命不需要无谓地执著，渴望真感情是人之常情，渴望有人陪伴也是无可厚非的，但爱情不是单相思，你的一厢情愿只能给所爱之人带来负担，如果他被迫接受，那么两人只能同时痛苦。你喜欢一个人，但他不一定会同样喜欢你，爱情仅存于两人之间。爱的专一，是指那种被接受的爱，而不是不被接受的爱。如果是后者，还是早点放弃得好。

爱情就像是一个跷跷板，相爱的双方必须有付出也有回报，才能享受其中的乐趣。如果一方一味地付出，对方被动地接受，那么跷跷板迟早会失去平衡。我们要记住：爱情是相互的，有些人你永远不必等。

第9章

人生很短，所以才要微笑着生活
淡然的人生不悲观

塞翁失马，焉知非福，任何事物都有两面性。很多时候，我们之所以会过于沉浸于不幸、挫折和磨难的悲伤中，之所以会对它们心存怨恨，是因为我们没有淡然的心境，看到事物积极的一面。

只要我们学会坦然地面对生命的变幻莫测，乐观微笑地生活，我们才可以从容地活出自我。

曲折的生命更精彩

生命的美丽不在于人生非同一般的通畅，每一个生命的精彩之处都在于它的曲曲折折，人生正是通过这样或者那样艰苦的困境绽放出美丽的生命花朵。

有一棵长在沙漠里的小树，自从扎根在那片空旷缺水的沙漠，它就一直艰苦地生长着，它的根深深地触到粗粝的地底，它的树干弯弯扭扭地伸向天空，像是寻求帮助的姿势，但是这棵丑树是整个沙漠里所有生物的骄傲，它们无比激动地看着它曲折的枝干一点点变长变粗，甚至更扭曲，然而，不管怎样，在它们眼中，沙漠最美的风景就是小丑树。

生命的美丽不在于人生非同一般的通畅，每一个生命的精彩之处都在于它的曲曲折折，人生正是通过这样或者那样艰苦的困境，绽放出美丽的生命花朵。正是人生中的一系列曲折，以及人在面对曲折时智慧的处理方式，才使人的生命更加值得尊重和珍惜。

在遇到困难的时候，很多人都会想，要是我这一生都一帆风顺就好了。但是，如果真的让他像浴缸里的金鱼那般安逸、平淡地过日子，估计用不了多久，他就会自己制造一些曲折。最美的生命永远不是那种完美无缺的生命，正是有了曲折，生活才能有滋有味、才能酸甜苦辣。对人生而言，生命中出现的麻烦其实不能算是麻烦，那只是生命的另一种形式，没有谁规定困苦的人生是人不需要经历的，没有风雨，哪来的彩虹？不经历那些曲折，又哪有苦尽甘来的喜悦？

人生是一趟奇妙的旅途，在你悠闲地欣赏生命之景的时候会冷不丁地冒出一些不和谐，比如一次刻骨铭心的爱恋无疾而终，比如身边亲近的人遭遇不好的事情，或者自己工作生活中遇见棘手的问题，而这时候如果我们一味地逃避，选择视而不见或者手足无措的态度，那将是我们美丽的生命旅途中最难看的伤疤。

楚牧是一个很有闯劲的年轻人，不管什么事，只要他感兴趣，一定会想方设法试试看。这些年，他办过杂志、开过影楼，还曾经开了一家火锅店，他骨子里不是一个“安分”的人。在前几年的打拼中，他摸索到了一些商场法则，所以当他看准服装有市场之后就起了投资的念头。恰好，一个和他非常要好的朋友也想投资服装，所以两人一合计就开始行动了。

楚牧不记得这是自己多少次丢弃原来的工作，在一个新的行业中从一点一滴做起了。他从不相信一帆风顺的人生，他坚信只有自己经历过这些事情、这些苦难，他的人生才不算是虚度。他办的杂志曾经半年都不能卖出几册，开的影楼也有过一段相当长时间的冷门，但是在所有人都觉得没有希望或者抱怨的时候，楚牧做的并不是和他们一起怨天尤人，他仔细地分析自己不能吸引顾客的原因，找出问题的所在之后就对症下药。他从来不会拒绝面对每一次的麻烦，在他的意识里，既然有困难了，就一定要解决，因为不管你怎样着急，但只要没找到问题的真正原因，问题仍然摆在那里。

在一次次的曲折过后，楚牧的见识变得更加宽广，人生阅历和人生经验也更丰富了。很多人和他谈话的时候，感觉这个人简直就是一个智者，似乎没有他不知道的事情，不管对什么样的问题都是侃侃而谈，而且不是一味地吹嘘，而是说得每个人都心服口服。

经历多了，人生也就越丰厚了。楚牧觉得这是他人生最大的一笔财富，不管他一趟生意赚了多少钱或者赔了多少钱，楚牧觉得，只要经历了，就是有收获了。

当我们的生命有了曲折、面对挑战的时候，最没用的做法就是怪别人、怪自己，没有什么东西是你怪就能怪得走的，人生中很多问题并不是怎么也跨不过去的难关，有时候只要换个角度，把心态放平和一点、淡然一点，事情就会很容易解决。

人生是一个不停地丢丢捡捡的过程，随着时间的流逝，你丢失了青春，丢失了容貌，甚至失去了亲人，但同时也能捡起别人没有的经验、知识，用来丰富自己的生命，不致在年老的时候感慨白来世间一遭。大自然总是不会偏袒任何人或者任何事情，每件事物之所以存在就必定有它存在的理由，即使是人生中遇到的曲折。

如果把人生比作一本存折的话，每一次曲折都是一笔收入，经历过坎坷的人生才是充实的。曲折带给我们的，不只是在遇见问题的时候学会千方百计地将困难解决，更让我们在此过程中不断地积累知识和见识，这是在任何书本或者任何老师那里都学不到的东西，是人生最宝贵的财富。

曲折就是生命中的小插曲，顺境是悠扬愉悦的调子，逆境则是低沉哀伤的音律。但是不管怎么样，它们都是我们生命的一部分，都能让我们的生命在经过一次次曲折的洗礼之后变得更加精彩。

生命的本质在于解决困难

生活是一个想要生存就必须奋斗的过程，有的人生得不好却活得很好，有的人生得很好，活得却很糟糕，优越的生存环境使人的求生技能在不知不觉中退化，而一个在逆境中生活的人，因为要解决生活中遇到的困难，会变得更懂得生存，而生命的本质就在于解决困难。

有一个运动员，在其3年的训练生涯中，跑得不快不慢，照这样下去，不久的将来，必将告别自己的跑步生涯。

有天，当这个运动员不快不慢的围着操场跑步时，后面突然传来一头狮子的吼声，运动员吓得健步如飞，嗖的一声转眼便不见了。当运动员打电话给教练并告诉他操场上有狮子的时候，教练笑着告诉运动员："你这次的速度比平时快了9秒。"

从那以后，每次运动员训练的时候，都幻想着身后有头狮子，他的成绩也一次比一次好。

生活是一个想要生存就必须奋斗的过程，有的人生得不好却活得很好，有的人生得很好，活得却很糟糕，优越的生存环境使人的求生技能在不知不觉中退化，而一个逆境中生活的人，因为要解决生活中遇到的困难，会变得更懂得生存，而生命的本质就在于解决困难。

挫折和逆境是人生不愿意遇见的事情，它们意味着有所失去，或者是当前安逸的生活环境，或者是在乎的人和事，但是，没有经历磨炼的人生是残缺的，而且是一种浪费的残缺，这样的一种人生，是大自然永远抹不去的败笔，因为社会是一个优胜劣汰的竞赛，不能解决困难，就永远不能弥补这个败笔。青蛙是在温水中煮死的，在舒适的环境下生存的人永远不能进步。

困难中包含的知识是我们在顺境中永远不能学会的，遇见挫折的时候，我们必须冷静地分析，理清事情的纹理，将问题解决会牵扯到一系列新的或大或小的问题，而这些新生的问题也是能够解决的，只要不断开发大脑，积极地思考，当问题最终得以解决的时候，人生就会走向一个大的阶梯，因为经历了别人没有经历过的事情，所以，在解决困难的同时，你会收到一份意外的人生收获。在社会上生活，我们靠的不是家世，而是自己的能力和经历，经历了挫折，解决了问题，人生经验丰富了，那么在这个竞争激烈的世界，我们才能稳稳地占有一席之地。

在美国，曾经有一位年轻人，穷困潦倒，然而就在他身上全部的钱加起来都不够买一件像样西服的时候，他仍执著地坚持着心中的梦想：做演员、拍电影、当明星。

当时，好莱坞有500家电影公司，他根据自己划定的路线与排列好的名单顺序，带着自己写好的、量身定做的剧本前去一一拜访。但第一遍下来，所有的电影公司没有一家愿意聘用他。面对100%的拒绝，这位年轻人没有灰心，从最后一家被拒绝的电影公司出来之后，他又回去从第一家开始，继续他的第二轮拜访与自我推荐。在第二轮拜访中，他仍然遭到了500次拒绝。第三轮的拜访结果仍与第二轮相同。这位年轻人咬牙开始他的第四次行动。当他拜访完第349家后，第350家电影公司的老板破天荒地答应让他留下剧本先看一看。

几天后，年轻人获得通知，请他前去详细商谈。就在这次商谈中，这家公司决定投资开拍这部电影，并请这位年轻人担任男主角。这部电影名叫《洛奇》。这位年轻人叫席维斯·史泰龙。

挫折有某种置之死地而后生的意味，它能使人变得更加强大，只有在那些几乎危急生死的困难面前，人才能激发自己的潜能。很多人的成功不只是靠自己的奋斗，还有身边的竞争者给予的难题和现实环境的影响，当将这些挡在成功路上的障碍搬开之后，展现在人们眼前的就是锦绣前程，在困难面前，虽然会有所失去，但是失去的那些都只是短暂的利益，而经历挫折之后收获的财富却是永恒的。

从困境中挖掘希望的种子

很多人在遇见人生困境的时候会觉得失望，抱怨上天的不公平：为什么有人活得那么好，而自己却这么落魄、这么倒霉？实际上，失望的不是问题本身，而是人的思维，与苦难并存的往往就是希望，我们要想活得更好，就必须善于在困境中挖掘希望的种子。

一头驴掉进了枯井里，主人想尽办法也没能把它救上来，最后主人决定放弃。为了给驴减少点痛苦，主人请邻居帮忙把驴子活埋。于是，他们开始一铲一铲地向井里填土。

这时，驴子意识到大家要将它活埋，它不禁放声悲鸣，这样的驴鸣让人听了有些心酸。为了尽快解除驴的痛苦，人们加快了填土的速度。可是，过了一会儿，驴子突然停止了叫唤。众人以为驴子已经死了，于是就探头往井底看。结果让他们非常吃惊，驴根本没有死，它还好好地站在那儿。那些铲进坑里的泥土原本落在驴的背上，它都一点点地抖落下来了，然后站到那些泥土堆上面！现在，这头驴正安静地站在那儿，等待着众人给它填土。

就这样，大家又不停地填土，驴很快便站到了井口，随后在人们的唏嘘中跑开了。

很多人在遇见人生困境的时候会觉得失望，抱怨上天的不公平：为什么有人活得那么好，而自己却这么落魄、这么倒霉？实际上，失望的不是问题本身，而是人的思维，与苦难并存的往往就是希望，我们要想活得更好，就必须善于在困境中挖掘希望的种子。

有些人总是看着别人的光鲜亮丽，然而，当我们羡慕别人的时候，说不定人家也在羡慕我们。每个人都有自己的生活方式，我们不能说哪种方式好、哪种方式不好，世界上没有一种令人满意的生活方式，那些光鲜亮丽的背后有我们无法想象的困难，只是我们没有经历，不能体会，就像别人不能理解我们的生活，从而羡慕我们一样。

人不能一遇见困境就对自己失望，世界上没有绝对的事情、没有绝对的完美，也没有绝对的不可能，很多事情我们之所以认为不能够解决，并不是凭自己的能力而不能解决，而是因为我们在心里已经认定自己不能解决，在问题伊始，就人为地给自己下了一个不可能的结论。然而，事实却并不是这样，只要你心里面抱有希望，就一定能从绝望中找到出路来。即使是被大火烧的一点都不剩的地方，到了第二年春天，还是能长出嫩绿的小草。没有一个人是因为整天沉浸在失望和困苦中成功的，那些成功的人一定是能够在遇到困境的时候、在绝望中找希望的人。信念是一股支持我们成功的强大力量，没有人敢低估它的作用。当你认定你能够拥有某些东西的时候，一定要在心里坚定自己能够拥有的信念，很多人一辈子庸庸碌碌，并不是因为上帝的安排，而是因为他一辈子没有产生过成功的念头。

有一个年轻人生活在一个非常普通的小地方，这里的每个人都过着平凡普通并且重复的生活，原本这个年轻人也应该是这么活着的，可是，他却有一个坚定的信念：他要和别人不一样，一定要，也一定能找到一条通往成功的道路。

当他认为什么事情是不可能、产生绝望心理的时候，他脑子就会想起母亲曾经告诉他的话："一个人之所以一辈子贫穷，那是因为他从来没有产生过富裕的希望。"他坚信这句话，上帝给了他贫穷，但是没有安排他这样贫穷地生活一辈子。所以当他长大成人之后，他做的第一件事就是离开现在居住的地方，他要去远方寻求希望、寻求成功。

经过一番考察和思考之后，这个年轻人认定了肥皂业，从摆地摊做起，年轻人开始了他的肥皂生涯。不管遇见什么问题，他都不相信是上帝给他安排的，他有着坚定的决心，一定能将事情解决，即使是公司倒闭了，也还是有其他的可能存在。他大胆地创业和生活，终于，他成功了，成为了世界名人，他的名字叫福勒。

如果福勒和其他人一样永远抱着"我就这样"的思想，他就永远不能成功，永远不会成为现在被人们熟知的福勒。困境只是摆在希望面前的一堵纸墙，只要下定决心去捅破它，伸伸手指就行了。我们不能总是被眼前的困难迷惑，困难是成功的影子，如影随形，我们不能因为一片暗影而失去了阳光。人生，没有困境就无法精彩，不冲破困境找寻希望，就无法提高，要想生命之花开得更加艳丽，就必须在不可能的时候找到可能，在困境中找到希望。

幸福，并不是上帝给予的，而是人积极争取的。当你在困境中并不失望、乐观向上、继续享受着生活乐趣的时候，幸福和成功就在前方等着你。

胜不骄，败不馁

世界在片刻不停地向前进步，人也一样，当你为自己天生的才识沾沾自喜的时候，别人很可能就已经超过你了。一个人要想取得成功，就必须有胜不骄、败不馁的心态。

在王安石的《伤仲永》里，我们看到，方仲永是一个天赋极高的男孩子，他写的诗连村里的老人都交口称赞，原本这样一个天才应该是发挥自己该有的价值，成为国家的栋梁之材的，但是他目光短浅的父亲却带着他四处卖弄学识，终于将一个旷世奇才埋没在庸庸碌碌的人世间。

世界在片刻不停地向前进步，人也一样，当你为自己天生的才识沾沾自喜的时候,别人很可能就已经超过你了。一个人要想取得成功,就必须有胜不骄、败不馁的心态。

成功总是一件高兴的事情,世界上所有人都希望自己能成功。如果通过自己的努力达到了自己的目的,固然是一件可喜的事情,但是很多人却喜过了头,产生了骄傲的情绪,忘记了潜在的危机。舒适的环境总会使人忘了潜在的危机,等到事到临头了才后悔问题发现得太晚,然而,补救已太晚了,很多人就因为一时的贪图享乐而毁掉了自己辛苦建立起来的功绩。这个世界的现状是你在做的时候,别人也在努力,你成功了,并不代表别人就放弃努力了,相反,他们比以前更加勤奋地追上社会的脚步,所以,当你闭着眼睛享受成功乐趣的时候,当你沉浸在安逸之中的时候,那些曾经不如你的人就会悄无声息地赶上你,甚至超过你。

师童总是会想起自己当初开公司时候的艰苦,那时候身上没有钱,也没有人脉,只凭着一腔热血和永不服输的精神勉强将公司成立,师童自己都不记得这个新成立的公司被多少同行联合排挤和打压,但是,不管怎么样,他是鲤鱼越过了龙门,成功地闯过了人生的大关,现在的师童已是几家上市公司的老总了,他有资本得意。

人总是喜欢过快活安逸的日子的,公司站稳脚跟之后,师童将具体的业务都交给他信任的一些公司骨干,自己每天和市里一些有权势的人喝酒应酬,他找借口安慰自己说这是必需的商务应酬,但是,不可否认,平民出身的师童似乎立马变成了一个贵族,他喜欢上这种夜夜笙歌、纸迷金醉的生活,他喜欢那些年轻美貌的女孩在听说自己艰苦的创业经历之后流露出来的崇拜之情,他越来越满足于自己的成功,陷入了骄傲自满的迷局。身为一把手的师童渐渐不理公司的业务,他非常信任自己任用的人。

随着事业做大,师童的脾气也变得比以前大很多,以前谦顺文雅的年轻人突然之间变成一个大腹便便、满口脏话的暴发户模样,他不但肆意地谩骂下属,对行业里的资深前辈甚至市里的领导都口出不敬。在师童心里,和那些靠关系、靠家境成功的人根本算不上成功,而他才是一个事业上真正的英雄。

渐渐地,师童得罪的人越来越多,看他不顺眼、想要把他弄垮的人也很多,而他本人却丝毫不自知,不仅不听人劝告,甚至把好心相劝的员工全部解雇。直到一个竞争公司将师童的公司击垮之后，身处夜总会的师童才如梦初醒。原来他一直深信的心腹中就有一个人是那个竞争公司在师童的公司成立之初就安排进去的商业间谍，在师童公司潜伏那么久，就是为了取得师童的信任，从而盗取师童公司的商业机密，被胜利冲昏头脑的师童丝毫没有发觉，终于失去了自己辛辛苦苦建立起来的公司，再次成为一个一无所有的平民。

人的一生，不用成功很多次，只要一次就行了，即使师童功成名就了，然而，打江山不容易，守江山更难，辛苦建立起来的家业一旦失去了，他想要重建就等于创造另一个奇迹了。人总是期待事情有第二次、第三次，但是很多事情是不能一而再、再而三的，就像一个人对你的信任，取得别人的第一次信任很容易，但是一旦你失去了那个人对你的信任，想要让他再相信你，就难上加难了。

还有一群人，在奋斗的时候遇见困难或者挫折了，或许一次两次能够努力奋斗，将问题解决，但是如果长时间处于困境之中的时候，就会让人丧失斗志，会怀疑自己选择的道路是不是走得通，甚至怀疑自己的价值，否定自己，变得自暴自弃。然而，即便你将自己和周围的一切都否定了，即便你整日整夜不眠不休地抱怨，事情也不可能会自行解决，你也不可能在这样的情况下变成一个人人羡慕的成功人士。没有一个人的成功是轻易得来的，在经历困境的时候，我们只能擦干汗水和眼泪，重整旗鼓，继续奋斗。

每个人都会遇到低谷，每个人的人生都会遇到瓶颈，努力了、克服了，那么他就成功了，如果他抱怨、自暴自弃，那他只能重新回到那股庸庸碌碌的人群大潮之中去。一个在成功之后不知道好好地实护自己果实的人，和一个在即将成功，或者在成功道路中遇到问题而自怨自艾的人都不可能成为一个优秀出色的人。

抱怨别人之前，先从自己身上找原因

在一个不好的环境中，为什么有的人就一直在喋喋不休地埋怨，而有的人却能淡然处之呢？那说明问题并没有到那种让人不能忍受的状态，从自己身上找一下原因，也许很多事情看起来就没有那么不如人意了。

池画最不愿意碰到的事情就是一大早起来就下雨，每当这个时候，她就会抱怨一整天，不管什么事情，她都能找到冷嘲热讽的借口。在公交车上，如果有人拿着一把湿雨伞站在她旁边，她就会对那个人不停地翻白眼珠，嘴里还骂骂咧咧的，如果到公司的时间比上班的时间要早，她也会不满意，她会怪司机把车开得太快了，以致她早到公司了。总之，她是一个对生活不停抱怨的女人，身边的同事都不想和她有来往，当然，这也成了池画抱怨的事情之一。

生活中，我们每天都会听到很多抱怨的声音，有别人的，也有自己的。似乎世界真的是那么一团糟，然而，询问一下那些不抱怨、踏实生活的人，他们会告诉你生活是多么多姿多彩。我们在抱怨别人的时候何不先想想自己，为什么总是那么喜欢对身边的人产生不满的情绪，发出抱怨的声音？

我们埋怨的无非是身边的人不知道为自己的利益作出让步，遇到和自己利益有关的事情，我们都巴不得占尽好处，而那些和我们分享好处，甚至只是在旁边构成威胁的元素都成了让我们碍眼的障碍物。偶尔对生活抱怨一下是不影响我们工作和生活的，因为适当的抱怨确实可以为人舒缓压力，在这样无关痛痒的抱怨之后，人们可以继续认真积极地做自己的事情，但是，如果一个人长期处于这种状态，那么他的生活就真的是没有什么乐趣可言了。

在我们抱怨别人的同时，有没有先想一下自己？我为什么要抱怨？我凭什么抱怨？为什么只有我不满意，而别人却满意呢？那些我们不喜欢的人也是有自己的可爱之处的，由此可见，他并不是自己想象中的那么不招人喜爱，或许是自己的偏见，又或许问题根本就出在自己身上。在一个不好的环境中，为什么有的人就一直在喋喋不休地埋怨，而有的人却能淡然处之呢？那说明问题并没有到那种让人不能忍受的状态，从自己身上找一下原因，也许很多事情看起来就没有那么不如人意了。

薛洋是一个业务员，但是令他苦恼的是，他的业绩在公司是最低的，每个月拿到的单子也是最少的，甚至工资有时候拿得没有别人的一半多，所以薛洋每天就像一个怨妇一样不停地说公司的坏话、客户的坏话，埋怨不休。

有一次，当薛洋又开始抱怨的时候，公司一个跑了很长时间业务、有着丰富工作经验的老员工走到薛洋旁边，他说："小伙子，你每天叽叽咕咕地说些什么呀？我看你整天都对这个不满意、那个不满意的！"薛洋把自己的烦恼一说，接着又开始了抱怨，那位经验丰富的老业务员居然没有打断薛洋的抱怨，直到薛洋自己意识到有点过火才住了口，接着老业务员说："你明天早点来公司吧，不要跑业务，就和我待一天，完了之后你就知道为什么你的业绩老是提不上去了！"薛洋半信半疑地点点头。

第二天，一向踩点上班的薛洋起了个大早，快到公司的时候一看时间，居然早到了40多分钟，薛洋想，这下子糟了，都不知道公司有没有开门呢，但是等他到公司一看，所有的同事都到了，自己显然是最后一个。原来同事们天天都这么玩命，薛洋有点惊呆了。这时候老业务员笑着走过来说："公司就你一个人是天天按时上下班的，他们都来得早，走得晚。好了，跟我出去吧！"薛洋傻愣愣地跟在他后面，直到这一天薛洋才明白自己和他们的差距为什么这么大：遇到客户拒绝的时候，薛洋的做法是不管了，骂骂咧咧地找一个舒服的地方待着，而别人的做法却是一而再地客气拜访，被第一个客户拒绝了，就去找第二个、第三个，没有人会因为被拒绝而像自己一样抱怨不休的。每天下班的时候，一到下班的点，薛洋马上就消失的无影无踪了，而这时候，大街上还大量存在着跑客户的同事。

抱怨对解决事情而言没有任何实质性的帮助，成天地抱怨不但使自己让人觉得厌烦之外，更是白白地浪费了自己的时间和精力，我们不能因为迟到了，就抱怨公交车开得太慢，或者电梯突然坏了，就抱怨维修人员没有及时处理。一个成功的人是永远不会为自己的错误找借口的，他们会停止抱怨，从自己身上找出原因，然后取得事业的成功。

所以，当我们遭遇令我们不痛快的事情的时候，先不要急着抱怨生活，从自己身上好好地寻找原因，将问题解决的办法是对症下药，只有准确地找到原因，才能让人生更完善、更圆满。

在平凡中活出别样的精彩

> 我们大多数人的生活过于普通、过于不起眼，很多人就在这样的平凡中不知不觉地埋没了自己。世界不新鲜，人生不新鲜，甚至鲜活的鱼在这样的人手里也和早早死去的鱼没有区别，然而，真正的世界却是精彩绝伦的。

摄影师总是能在别人认为没什么不一样的事物中看见绝美的一面，然后将那个画面捕捉下来，放在镜头里面，定格成永恒。

江源就是这样的一个摄影家，他开始学的并不是摄影，而是绘画，但是很快他就发现，虽然同样是记录美的方式，画画总是不能快速地抓住他想要的东西，所以，他开始学摄影，江源对事物的观察有着敏锐的洞察力，他总是能找准角度，将最美的画面呈现出来，而这些震撼人心的作品，无一不是在我们日常的生活中发现的。

现在很多广告都打出不平凡的广告语，很多人一生都在追求自己的不平凡，所有人都叫嚣着要活出属于自己的精彩，但是很多人都不能如愿以偿，他们开始抱怨，在最平凡的生活里变得平庸。然而，不管多么精彩的人生，都是从平凡的生活中打磨出来的，我们必须要有一双在平凡中找到美丽的眼睛。

每天过着和别人一样的生活，吃着一样的饭，吵着一样的架，为一件喜欢的小东西和店家讨价还价，这就是我们大多数人的生活，过于普通、过于不起眼，很多人就在这样的平凡中不知不觉地埋没了自己。世界不新鲜，人生不新鲜，甚至鲜活的鱼在这样的人手里也和早早死去的鱼没有区别，然而，真正的世界却是精彩绝伦的。

每个人都有着敏锐的感官，我们很可能因为别人一句漫不经心的话而猜测半天，当有一个人在说别人坏话的时候，会不禁猜想，这个人是不是在指桑骂槐?和这些敏锐的洞察力一样，我们的眼睛也能如此敏感，对那些美丽的事情，只要我们想，就一定能捕捉到，只是，大多时候，我们都没有留意，而让这些精彩美好的瞬间从身边溜走了。看似平凡的事物往往是最不平凡的，大家都知道一加一等于二，但是迄今为止没有一个人能够将这个等式证明出来。我们往往眼高手低，在寻求生命精彩的同时，却忽略了其中最精彩的部分，没有一个人的精彩不是从平凡中获得的，他们并不是从出生开始就过着令人羡慕的精彩生活，只是他们相对于其他人而言更加善于发现，能够从平凡中堆砌出自己不平凡的人生而已。

说起拿破仑，大家一定会联想起他轰轰烈烈的精彩人生，但是和大家一样，早期的拿破仑也只是芸芸众生中的一员，他没有显赫的家庭背景，也没有出众的才华，放在人群中也是一个难以找到的角色，但是，他能从自己平淡如水的生活找到精彩的东西，让自己的人生变得与众不同。

年轻时的拿破仑是一个一心想要出人头地的小伙子，他的生活一直不富裕，在父亲死后，拿破仑甚至还要拿出自己一半的薪金给母亲，但是不管条件如何艰苦，拿破仑都没有放弃努力，他相信美好的生活一定就在不远的地方，他不因为自己的困境而自暴自弃，相反，他从这些逆境中找寻使自己快乐的因素，这些看似平凡的生活却让年轻的拿破仑对生活充满了激情和希望，他不断地读书，借以充实自己，他相信总有一天会有人赏识他的才华。终于，他被一位长官看重，开始了他大不一样的精彩人生。

拿破仑没有比别人更加聪明的大脑，也没有优越的家世，但是他依旧能在一群平凡的大众之中脱颖而出，过着令他们羡慕的生活。

生活的美好和不美好往往就在人的一念之间，当一个人能以淡然的心态面对人生的时候，他总是能在平淡无奇的生活中找到令人高兴的事情，也许是一朵晨开的花，也许是一个醉心的吻。人总是喜欢在日复一日中将精彩平淡化，不管是多么震撼的事情，都有一定的保质期，过了这个期限，人们就会厌倦，而把它划归平凡，这个时候，我们就必须再寻找新的、让人觉得不一样的事物，所以，生活中其实完全不缺少精彩，缺少的只是发现精彩的眼睛。

当看到舞台上光彩夺目的大明星的时候，我们会羡慕他们那种精彩纷呈的演绎生活，在看电视剧或者电影的时候，我们也会被影视剧中的人物深深吸引，甚至会把自己幻想成里面的某个角色，希望能和他们一样过那种戏剧化的生活。实际上，我们的现实生活就是那样的一部大片，如果有导演来把我们每天生活的这些琐碎平凡的生活搬到荧幕上的时候，我们就会惊讶地发现，其实自己平淡无奇的生活是很有看头的。生活中，快乐的人总是不忘在自己身边寻找乐趣，所以，只要善于发现，每个人都能在平凡中活出别样的精彩来。

上帝关闭一扇门，一定会打开另一扇窗

上帝是公平的，在给予你某个东西的同时，就一定会带走某些东西，以达到人自身的平衡。然而，只要你还拥有生命，不管处于什么样的困境，你都可以找到上帝为你早早预置的另一个人生出口，在关闭一扇门的同时，上帝已经悄然为你打开了另一扇窗。

席勒是美国著名的潜能开发大师，他经常到全国各地去演讲，精彩的演讲加上席勒坚定希望的语气，使很多人都倍受鼓舞，他经常挂在嘴边的一句话是：一切的

困难背后，必定有一个巨大的幸福在等着。这句话激励了全世界很多人，其中也包括席勒年幼的女儿。

因发生意外事故而截肢的女儿只有几岁，然而，在不幸面前，这个年纪幼小的女孩子表现出了超乎常人的意志力，在席勒自己都不能控制情绪的情况下，小女孩反过来安慰自己的爸爸："爸爸，您不是说过，困难的背后，会有一个很大的幸福吗？虽然我没有腿了，可是我还有手！"坚强的小女孩依靠自己的努力，成为一个十分出色的全垒球王。

上帝是公平的，在给予你某个东西的同时，就一定会带走某些东西，以达到人自身的平衡。然而，只要你还拥有生命，不管处于什么样的困境，你都可以找到上帝为你早早预置的另一个人生出口，在关闭一扇门的同时，上帝已经悄然为你打开了另一扇窗。

很多时候人们会觉得自己的命运悲惨，没有别人的美貌，也没有可观的家世，甚至没有健全的身体，每当这种情况出现的时候，人就会为自己的命运感到愤然。实际上，我们不觉得自己幸福，对自己的人生没有感恩的心，并不是因为上天的不公平，而是很多时候人处于一种身在福中不知福的状态下，我们感觉不到幸福，是因为我们并没有意识到，有些离合悲欢、伤心痛楚，也是幸福。人都是贪心的，对有些注定不属于自己的东西永远不知道满足，对自己所拥有的又不懂得珍惜。塞翁失马，焉知非福，说不定，一次转身的工夫，你就能拥有完整的人生。

在人世间奋斗的每个个体，没有一个是不经历灾难的，谁都会有一些撕心裂肺的痛苦，但是，不管你处于什么样的不能自拔的痛苦中，都不能放弃希望，有了希望才会有继续奋斗下去的动力，才能找到通往成功人生的出口。在困难面前，每个人都有重生的机会，但不是每个人都能跨过人生的大坎，这是因为不是每个人都能找到上帝为他开的那扇窗。

2004 年发生在南亚、东南亚的印尼海啸，到现在为止，都像一部真实的恐怖大片一样惊悚地停留在很多人心里，甚至在午夜梦回的时候，耳朵旁边都是那些凄厉哀伤的急切呼救，没有人愿意回忆那段渐渐被时间埋没的灾难。但是，在这样的狂风暴雨下，还是有很多感人至深的故事是值得人们铭记的。灾难来临并不意味着一定不能活着逃出去，有一个在海啸中的孕妇，当死神快要降临的时候，创造了生命的奇迹。

当海啸袭击村庄的时候，大水在瞬间就摧毁了整个村子，所有人都逃到地势较高的地方去了，一个即将临盆的孕妇也在其中。原本孩子没有那么快出生，但是因为孕妇受了刺激，所以孩子早产了。在道路交通根本不能通行的状态下，如何让一个孕妇安全生产是一个很大的问题，如果没有得到及时的引导，可能孩子和母亲都保不住。死神似乎在狞笑着一步步向这个还没出生的不幸的孩子走过来，但是，这时候只见所有的村民开始了接力赛，他们用自己的身体当做交通工具，将孕妇托起来，安全地送到了村里的小医院里，孩子得以安全地生下来，死神迈着失望的步子走开了。

如果认定在没有道路的情况下，这名孕妇不能出去求医，那么很可能造成一尸两命的惨剧，生命是在于奋斗的，我们要片刻不停地寻找新的希望，无论怎么样不可能，我们都要掰开来寻找可能。在困难面前，我们总是有和走入死巷子的感觉，似乎怎么都逃不出去，然而，这一切都只是错觉，当你转身的时候，就能看见出口。我们不能在遇见困难的时候就抱定绝望的心态，希望是无处不在，无论在什么样的绝境里，只要你不放弃寻找，就一定能找到上帝开的另一扇窗。

人生多是多灾多难的，面对困难的时候如果我们一味地退缩，那么在困难面前低下头，我们就输掉了自己的人生。困难就像是弹簧一样的东西，你强势的时候它就会退缩，你害怕、表现出弱势的时候，它就会立刻反弹回来。一个成功的人生不仅要有天不怕地不怕的闯劲，还要有发掘希望的决心。人生没有一个现成的模板让你非常顺利省心地走过去，我们必须在走的时候开发新的生命之道，一条路不通，就寻找另外一条，只要不放弃希望，就会有成功的一天。

看不见阳光的人生最暗淡

有的人总在为自己的所失所得而抱怨，他们站在阳光下面，背向太阳，看着别人身上一片灿烂，就抱怨阳光照不到自己身上，这样的人生是最暗淡的。不是阳光照不到他们，而是他们眼睛里看不到照射在自己身上的阳光。

有一个有钱有势的大人物出游，经过一片山地的时候，看见一个人躺在山坡上休息，大人物走近一看，那个人衣衫褴褛，脏衣服上打满了补丁，原来是一个乞丐，但是这个乞丐似乎与以前见过的乞丐有许多不同。

大人物仔细看了一下，发现这个乞丐居然是面带微笑地躺着，似乎对自己的处境很满意。觉得不能理解的大人物就开口问乞丐："别的乞丐天天都那么悲伤，你为什么看起来很高兴呢？"乞丐回答："我没有房子金钱要担心，一人吃饱全家不饿，我为什么要难过？"大人物点点头，说："那我能为你做点什么吗？"乞丐说："能，不要挡住我的阳光！"

有的人总在为自己的所失所得而抱怨，他们站在阳光下面，背向太阳，看着别人身上一片灿烂，就抱怨阳光照不到自己身上，这样的人生是最暗淡的。不是阳光照不到他们，而是他们眼睛里看不到照射在自己身上的阳光。

世界上有人类的地方总有这样一群人，他们喜欢把自己的小悲伤、小不幸无限制地扩大化，他们的眼睛总是看着别人身上闪耀的光环，会恨上天的不公平，说世态炎凉，他们一边抱怨社会秩序太乱，一边不遵纪守法，他们对身边的人冷嘲热讽、极尽刻薄，在别人辛苦打拼的时候，他们在一边指手画脚，什么事情都不干，遇见困难的时候，他们就哭天抢地，怨尽周围一切的人和事，就是从来不怨自己。这样的人，从来没有想过成功的机会也曾经眷顾过自己，只是自己没有准备，更不知道把握。该努力的时候不努力，该坚持的时候不坚持。对生活总是失望，在他们的生命中，希望是一个难得的存在，他们不知道什么事情都是可以改变，什么困难都是可以克服的，和所有成功的人一样，他们一样是优秀的。

抱怨对我们的实际生活而言，不能起到任何实质性的作用，它只能让你逞一时的口头之快。我们抱怨，我们不快乐，并不是世界给予的不多，而是我们要求得太多，我们的心过于贪婪，有钱的人希望自己更有钱，成功的人希望自己更成功，长得漂亮的人希望自己更加倾国倾城，人的欲望就是一个永远都填不满的无底洞，总是处于一种饥饿的状态，世界上最富裕的人并不是那些拥有巨额财富的人，而是那些知足的、心境淡然、在最黑暗的时间段里能看得见阳光的人。

赵雯很小的时候父母就去世了，她跟着年幼的哥哥相依为命。14岁的时候，赵雯刚刚初中毕业，17岁的哥哥为了供她读书，小小年纪就外出打工了。

高中的时候，赵雯一个月只有几十块钱的生活费，她从来没有在食堂打过一份荤菜。整整3年高中时间里，她没有买过一件新衣服，身上穿的衣服都是用哥哥穿过的旧衣服改小后拿来穿的。她是一个长得很文静的女孩子，可是却成天穿着男孩子的衣服在学校里穿梭，对于这一切，赵雯却觉得非常满足，她对人说她是一个很幸运的女孩子，虽然没有爸爸妈妈，但是她有一个非常疼爱自己的哥哥，虽然没有好吃的饭菜，但是她不会饿死，没有好看的衣服，但是不会冻死，和很多人相比，她已经很幸运了。赵雯不但心态好，学习也很努力，她相信，通过自己的努力学习，将来一定能给自己和哥哥一份安逸的生活。

然而，天有不测风云，哥哥在上班的途中居然出了车祸，命虽保住了，但是两条腿没有了，从此再也不能上班了。哥哥整天沉浸在痛苦中，甚至三番五次产生轻生的念头，但都被赵雯及时制止了，她依旧满怀希望地说："哥，你倒下了，还有我啊，咱们这个家不会就这样垮掉的，我可以去工作，挣钱养活咱俩。哥，虽然你没有了腿，但是还有命啊，有命就有希望。"

一个人，如果没有一个坚强得足以让他名扬天下的外在条件，至少要有一颗成功的心，相信自己能够成功，相信自己能够克服在成功的道路上遇到的一切困难，相信风雨之后的彩虹会更加耀眼清澈。顾影自怜不但不能改变现状，还使人产生柔弱的心态，阻碍困难的解决和人生的腾飞。

生命之火燃烧得最旺的往往是那些处于逆境中的人。他们不会被周围黑暗的环境迷住双眼，著名诗人顾城说过："上帝给了我一双黑色的眼睛，我却用它来寻找光明。"我们要用黑色的眼珠里寻找生命之光。只有那些在困难面前不放弃希望、努力寻找阳光的人，在人生不顺的时候依旧能笑对人生的人才能成功。

人生不会一直是雨天

人生就像天气，时而阴，时而晴，但是就算是梅雨时节，天空都有放晴的时候，雨也有不下的时候。人生不会一直是雨天。

威廉·科贝特是一个散文作家，他的作品朴实无华，却在19世纪美文泛滥的时候闯出了一片洁白的天地，然而，这个世界闻名的大作家，在早年的时候却是一个连纸和笔都买不起的穷光蛋，甚至曾经因为一便士而在街头抱头痛哭，但是，不管环境如何恶劣，这个坚强的年轻人依旧能坦然地面对挫折，他自学英语语法，借助星星点点的光阅读学习，终于成为涅槃火之后重生的凤凰。

他曾经告诉人们，没有什么恶劣的环境能阻挡一个人前进的脚步。他说："我能在那样艰苦困难的情况下取得成功，现在的年轻人又有什么困难是克服不了的呢？"

人生就像天气，时而阴，时而晴，但是就算是梅雨时节，天空都有放晴的时候，雨也有不下的时候。人生不会一直是雨天。

我们的人生没有天气预报，我们不能提前知晓人生气象，所以，当阴雨天到来的时候，除了抱怨之外，还有不知所措。在人生闯荡的过程中，没有什么事情是一帆风顺的,一片坦荡的成功不存在,每个人都会遇到或大或小的挫折,如果我们执著于那些困难的话,我们就永远不可能跨过那个坎。很多时候,我们都有这样的一种感觉,因为有所阻碍而拖了很长时间的事情没有完成,而当必须立刻完成的时候,我们心里就会遗憾地想,要是我那时候认真一点、努力一点,到现在这个时候,事情也应该做完了。是的,咬咬牙,没什么事情是不能完成的,也没什么困难是不能克服的。

世界每天都在发生巨变,当时不能解决的问题,可能过了一段时间之后,由于外在或者内在原因的变化变得能够解决了。上帝早就为每个人的人生设置了很多大大小小的路障,这些都是可以跨过去的,没有一个人一生都处于逆境之中,即使身处逆境,只要我们能看到希望,能够艰苦奋斗,就能改变自己的不利处境。困难虽然在当时的时候令人感觉痛苦,失去一些东西,但是将问题解决之后,你会收到比付出更多的东西,那是一笔永远不会贬值的人生财富、是推动一个人成功的动力。世界上在逆境中翻身的人何止千万,他们在底层拼搏求生,锻炼在这个竞争的世界里生存的能力,他们最终成为了一个成功的人,铸就了一段成功的人生。

奥斯特洛夫斯基出生在乌克兰一个贫困的工人家庭,11岁便开始当童工。1919年加入共青团,随即参加国内战争。

1923年到1924年,他担任乌克兰边境地区共青团的领导工作,1924年加入共产党。由于他长期参加艰苦斗争,健康受到严重损害,到1927年,健康情况急剧恶化,但他毫不屈服,以惊人的毅力同病魔作斗争。

同年底,他的第一步著作《暴风雨所诞生的》完稿,不幸的是,唯一一份手稿在寄给朋友们审读时被邮局弄丢了。这一残酷的打击并没有挫败他的坚强意志,反而使他更加顽强地同疾病作斗争。

1929年,他全身瘫痪,双目失明。1930年,他用自己的战斗经历做素材,以顽强的意志开始创作长篇小说《钢铁是怎样炼成的》。

小说获得了巨大成功,受到同时代人真诚而热烈的称赞。1934年,奥斯特洛夫斯基被吸收为作家协会会员。1935年底,国家授予他列宁勋章,以表彰他在文学方面的创造性劳动和卓越的贡献。

挫折和困难是成功的前提，是它的一部分，所以，不要抱怨人生的阴雨天，有了雨水，人生的花朵才能开得更加娇艳，才更有能力经受以后的狂风暴雨。人生总是会有一种结局的，困难不会陪着我们走到最后，要想给人生画一个圆满的句号，我们就要正视人生的下雨天，坚信晴天就在不远处。

第10章

平淡对待得失，冷眼看尽繁华 淡然的人生不浮躁

“非宁静无以致远，非淡泊无以明志。”淡泊，是人生的一种至高境界、是历尽苍桑后的醒悟、是了然于胸的大度、是不以物喜，不以己悲的超脱。它虽然不是生命旋律中绚丽的华章，却是生命中不可缺少的生活底色。

如果我们能够以淡然的心境体会世间的一切得失，以一颗平常心去感受生活，便可以获得一份幽雅美丽的心境，获得随性自在的生活。

看淡得失，保持平常心

人生百态，如果对个人的得失看得过重，势必为名利所累，便会陷入一张无形的网中不可自拔，给自己建造一个心灵牢狱。

靠近边塞的地方，住着一位老翁。老翁精通术数，善于算卜过去未来。

有一次，老翁家的一匹马无缘无故挣脱羁绊，跑入胡人居住的地方去了。邻居都来安慰他，他心中有数，平静地说："这件事难道不是福吗？"几个月后，那匹丢失的马突然又跑回家来了，还领着一匹胡人的骏马一起回来。邻居们得知，都前来向他家表示祝贺。老翁无动于衷，坦然道："这样的事，难道不是祸吗？"老翁家畜养了许多良马，他的儿子生性好武，喜欢骑术。

有一天，他儿子骑着烈马到野外练习骑射，烈马脱缰，把他儿子重重地甩了个仰面朝天，摔断了大腿，成了终身残疾。邻居们听说后，纷纷前来慰问。老翁不动声色，淡然道："这件事难道不是福吗？"

又过了一年，胡人侵犯边境，大举入塞。四乡八邻的精壮男子都被征召入伍，拿起武器去参战，死伤不可胜计。靠近边塞的居民十室九空，在战争中丧生。唯独老翁的儿子因跛脚残疾，没有去打仗。因而父子得以保全性命，安度残年余生。

面对得失，要淡然视之，因为失去的永远不会再回来，得到的也不可能永远是自己的，轻松快乐地生活，努力地为事业奋斗，何乐而不为呢？

然而，生活中的人们却背负着太多的包袱，金钱、地位等东西压得我们喘不过气来，得到的怕失去，没得到的想得到，使自己成为名和利的奴隶，永远无法快乐。人生是复杂的，它有时出人意料又往往峰回路转，有时却又很简单，甚至简单到只是在做一道选择题，取得或者放弃。应该得到的我们完全可以理直气壮地去取得，不该取得的则应当毅然放弃，抱着这样的心境，我们会发现这道题会变得很简单。但是，生活中的我们却是坦然地取得，纠结地放弃，这就是造成我们痛苦的根源。

威尔逊是第二次世界大战时期的一个军官，在一次战争中左腿受了伤，留下了残疾。不过万幸的是，他依然能够独立行走，同时还能能够享受他最喜欢的运动——游泳。

当威尔逊回到美国后，经过一番治疗，他和妻子来到了夏威夷度假。做过简单的冲浪运动以后，威尔逊在沙滩上享受日光浴，庆幸自己还有享受生活的权利。

然而没过一会儿，威尔逊发现，周围的人似乎都在打量他，还不时地窃窃私语。威尔逊这才意识到自己满是伤痕的左腿，它太惹人注意了。

“你看那个人的腿，好像月球表面一样坑坑洼洼！真可怕！”一个人对他的同伴说。

威尔逊听了心里很不是滋味。第二天，妻子要与他再去海滩，这时，威尔逊固执地推辞了。

“我宁愿留在家里，也不想再去海滩！”他说。

“威尔逊，我明白你不去海滩的原因是什么。你开始对你腿上的疤痕产生错觉了。”妻子沉默了许久之后说。

威尔逊点了点头，说：“是的，我承认。”

妻子走到他的身边，安慰道：“威尔逊，别人怎么看那是他们的事情，可是你要懂得，这些伤痕正是你勇气的徽章。你在战场上浴血奋战，光荣地赢得了这些疤痕。所以，你不要想办法把它们隐藏起来，你要记住你是怎样得到它们的。你更应该明白，你是国家的英雄，连总统都不介意你的伤，你为什么自己这么纠结？而骄傲地带着它们，现在走吧，我们一起去游泳。”

听着妻子的话，威尔逊险些落下了眼泪，他想起了战场上的那些日子，想起了阵亡的战友。顿时，他觉得自己坦然了许多，一扫心里的阴影，于是跟妻子一起又去了海边，快乐地享受着温暖的阳光。

面对已经失去的，我们能做的，就是坦然接受。因为，即使我们暴躁地摔东西、指责上天的不公，那也是于事无补，伤痕并不能自动愈合。但是，你的快乐、你的幸福，却并不会因为伤痕而消失，只要你愿意，你随时可以发现，它们就在身边。别人怎么看自己不重要，重要的是自己敢于接受曾经的痛苦，这样你才能重新找到快乐，甚至扭转别人对你的看法。

如果你真的难于走出困境，无法承受那份巨大的心理压力，那么你不妨求助于朋友或心理医师。失意的时候，人最需要的就是开导。朋友、家人和医生温馨的话语，会让你平复心海浊浪，淡化你失意的烦恼。不过，别人的开导只是辅助的，真正达到心平气和还需要我们进行自我调整。最重要的还是坦诚面对伤痕，敢于接受曾经的伤痛，这样，生活的阳光才能照进心田。

每个人在一生中不免会遇到伤害，有的是心灵上的，有的则是身体上的。心灵上的伤害，也许随着时间的流逝，我们能够一点点痊愈；然而身体上的伤害，却将会伴随我们终生。正因为如此，有的人会陷于悲伤之中，长久不能走出阴影。

持续地失落，只能让自己的生活更加低迷，同时，那些被伤害的地方，也不会因此而痊愈。所以，面对身上的伤痕，我们必须坦然面对，这样的人生才是精彩的人生。也许你失去了一条腿，但你没有失去活下去的信心，你是精神上的健康者。不要为所失去的而哭泣，不要过分计较人生的得与失，只有这样的人生才是充实的人生、快乐的人生。

人有悲欢离合，月有阴晴圆缺。生活是一个大舞台，演绎着我们的悲喜人生，有欢乐也有痛苦，有得到也有失去，当我们快乐的时候，不要得意忘形，快乐也许会在下一秒就消失；当我们痛苦的时候，不要低迷消沉，我们要相信明天很快就会来临。痛苦或者快乐，完全蕴含于眼界的宽窄。以平常心去生活，时刻保持一份坦然的心境，这就是人生的智慧，也是我们能够获得简单幸福应有的心境。

欲望孕育着烦恼

伊索说过："许多人想得到更多的东西，却把现在拥有的也失去了。"欲望是无止境的，我们有太多的需求，面对着太多的诱惑。然而，在我们满足欲望的同时，也会相对地迷失自己。

在课堂上，一位哲学老师拿起一杯水，然后就问她的学生："你们认为这杯水有多重呢？"有的学生说有 50 克，也有的说有 100 克。

"是的，它仅仅只有 100 克。那么，你们可以将这杯水端在手中能一直持续多久呢？"老师又问道。很多人都笑了，心想：100 克而已，拿多久又会怎么样！"

老师没有笑，他接着说："拿一分钟，大家肯定会觉得没有问题；如果拿一个小时，大家可能会觉得手酸；如果让你拿一天，甚至拿一个星期呢？那可能得叫救护车了。"大家都笑了，但是这次是赞许的笑。

老师又继续说道："其实这杯水的重量是很轻的，但是当你拿得久了，就会自觉得沉重无比。这就如同我们内心不断积聚的小小的欲望，不管它有多小，时间一久，终也将会成为你心灵的沉重负累。"

如果我们能适时地放下水杯，休息一下后再拿起，才能持续得更久。所以，我们也要适时地放下自己心中的欲望，让自己的心灵能有时间好好地休息一下，如此才能让自己活得更长久些。

正如这个老师所说的：不管你的欲望有多小，随着时间的堆积，它也会成为我们心灵的负累。所以，不管在任何时候，我们都要适时地放松自己，才能让自己走得更远。这就如同一张拉开弦的弓，绷得太紧就容易断，只有恰到好处，箭才能飞得更高更远，最终射到自己的目标。在人生旅途中，我们也需要不时地放下不需要的包袱轻装上阵，只有这样，我们才能让自己走得更远。

有人说："眼睛不要睁得太大，且问，百年以后，哪一样是你的？"是的，我们每个人苦苦追寻的东西，到最终又有哪一样才是属于自己的呢？而只有心灵的快乐与轻松才是生命的真谛，才能让我们的生命恒久。也就是说，心灵是称量我们生命的天平。心灵的负担越重，生命的脚步就越慢，以致最终因不堪重负而停止，所以，我们要适时地放下心中的欲望，不要让心灵承载太多的负累，最终才能让自己获得恒久的快乐，这正是那些痛苦的大富翁所不了解的。那些懂得舍弃贪婪的人，每日粗茶淡饭、悠闲自得，反而更能明白幸福的真谛。

她是一个都市白领，高学历、高收入，人长得十分漂亮，身材也很好，一切都显得那么完美，让人羡慕。

每天上班，她都会有着不同风格的打扮，时髦得体的她赢得了周围所有同事的称赞。在一片赞扬声中，她的虚荣心越发膨胀起来，为了更引人注目、为了追求品位，她不惜花大笔的钱去购买名贵、时尚的珠宝、名牌服装、高档箱包……她的收入毕竟有限，对时尚物质追求的强烈欲望已经让她负债累累。

有一次在与朋友聊天的过程中，她说自己其实活得很累，别人看到的只是她光鲜亮丽的外表，但是她的内心已经疲惫不堪。她也反省过自己，超负荷地购买名牌物品似乎也没让自己真正开心过，她也想快乐起来，但是，这种欲望却让她欲罢不能。

由于内心的负担过重，原本漂亮的她也变得憔悴了许多，对生活失去了乐趣，对工作也丧失了兴趣，时常唉声叹气，人也变得悲观厌世。她甚至不知道自己该如何是好……

让许多女孩羡慕的她本应该过得很轻松、很快乐的，但是就是因为心中越来越多的欲望让她的心灵承载了太多的负担，也让她丝毫品尝不到轻松和快乐的滋味。其实，她本人已经很漂亮了，何必要用那些外在的名贵物品去刻意地装饰自己呢！"人的欲望是座火山，如不控制就会害人伤己。"我们很多人就是过多地考虑利害得失，结果总是跟在欲望后面跑来跑去，两手空空地走完了自己的一生。知足者能够认识到无止境的欲望带来的痛苦。由于太贪婪了、欲望太强了，而其能力又有限，这样必然会导致可怕的后果。

在现代都市中，我们很容易被太多的欲望牵着走，得到了一段美好的感情，又想拥有一个美满的家庭，随即又想有一个可爱的孩子，又想拥有一份成功的事业……这些无止境的欲望，使我们的心灵承载了太多的负担，永远没有停歇下来的时候。“累！累！累！”成了我们呼之欲出的口头语。我们在欲望的深渊中挣扎不止，不知何时才能解脱！

有些人可能会说，那些喊“累”的人是因为欲望太大了，而我对生活的要求很低，但是为何还会感到累呢？那是因为即使再小的欲望在心里放久了，也会变成负累。

人生本没有烦恼，所有的烦恼都是由人内心的欲望所生！每个人可能都有这样的体验：当我们在年少的时候，因为无所求，所以会感到轻松、快乐。成年后，因为要面对太多的世事和诱惑，心中的欲望就越来越多，为了满足自己，我们每天都在不停地拣拾，自以为装进去的都是好东西，殊不知捡起来的恰恰是无尽的烦恼。慢慢地，我们心中承受的东西越来越多，想拥有钱财、美色、饮食，想拥有权力、名望……凡是触及我们生活的东西，我们都想拥有，而这些欲望一旦得不到满足之时，我们的内心就会变得沉重，心里充满了烦恼，快乐自然也就消失了。

我们通常说的“地狱”在哪里呢？其实，它就在于人的内心之中。在茫茫尘世中，人的欲望越多，越难满足，心灵深处的不安和愤怒之火就会越旺盛，最终会将自己推向地狱的深渊。所以说，欲望是一切烦恼的根源，只有杜绝了心中的欲望，一切烦恼才会消失。

贪婪是罂粟，美丽却有毒

拥有美好的念头固然不错，但这世间美好的东西实在是太多了，我们总希望让尽可能多的东西为自己所拥有，殊不知在我们贪婪地占有中，我们的心灵也会被腐蚀。

从前有一位波斯商人，他要去远方淘金。出发时，他带了50个奴仆，还有150头骆驼。

一天晚上，这个商人在别墅里邀请了一个好朋友。他对好朋友说："我现在真的是太富有了，我在土耳其存着一批货，我在印度有一批花色齐全的商品，所以，我决定给自己放松一下。我想去亚历山大住一阵，那边空气好，有益于身体健康。不过，地中海风浪太大，现在的时机好像还不太好。所以，我准备再做一次旅行，从这以后就深居简出，不再出外经商了。"

朋友好奇地问："是吗？那这次旅行你有什么打算？"

这位波斯商人说："我准备去一趟中国。因为我听说，硫磺在中国能卖个好价钱，而我手里又有不少硫磺。我可以和中国人交换瓷器，然后把瓷器带到希腊，再把希腊或威尼斯的绸缎带到印度，把印度的铁带到阿勒颇，把阿勒颇的玻璃品带到也门，再从也门把花布带回波斯。这样，我就能收获不少钱。到那个时候，我就可以彻底退休了。"

见朋友没有说话，他说："你怎么了？你也谈谈你的看法吧，说不定对我还有帮助。"

朋友笑了笑，说："我给你讲个故事吧。前一段时间，一个商人在沙漠里行走，突然从骆驼上掉了下来。临死前，他说，贪婪的眼睛如果不满足，终究会被黄土封住。"

听完朋友的话，这位商人沉默了许久。没过多长时间，他放弃了这次行程，来到了地中海，享受起属于自己的生活。

很多人都像这位商人最初的想法一样，将人生的包袱紧紧地压在心头。我们明知道这样很辛苦，但我们往往不愿意放下，结果弄得自己又苦又累。每个人都有欲望，都想过美满幸福的生活，都希望丰衣足食，这是人之常情。但是，如果把这种欲望变成不正当的欲求，变成无止境的贪婪，那我们就会无形中成了欲望的奴隶。

其实，在我们的一生中，每一个人所拥有的财物，无论是房子、车子……无论是有形的，还是无形的，没有一样是属于你自己的。那些东西不过是暂时寄托于你，有的让你暂时使用，有的让你暂时保管而已。到了最后，物归何主都未可知。总是对身外之物有着无尽的贪婪，那么到头来，幸福、快乐也会对你无比刻薄。

一个聪明的人就要学会修剪自己的欲望，不让那些不必要的贪念支配你的生活，这样才能享受到生活的美好，就像这个商人一样，最后他听了朋友的话，他及时地遏制住了自己的贪婪之心，从而享受到了属于自己的生活。

从前有一个乞丐，他经常自言自语地说："我真想发财呀！如果我发了财，我要让所有的乞丐都有房子住，吃饱穿暖，我绝不做吝啬鬼……"

就这样，他一遍遍地祈祷，终于有一天，一个神仙找到了他。神仙对他说道："我听到你的祈祷了，你就要发财了，我这就给你一个有魔力的钱袋。这钱袋里永远有一枚金币是拿不完的。但是，在你觉得够了的时候，就必须把钱袋扔掉，才可以开始使用那些金币。"说完，神仙就不见了。

这个乞丐惊讶地揉了揉眼睛，以为自己在做梦。不过，他发现自己的身边真的出现了一个钱袋，里面装着一枚金币！乞丐把那枚金币拿出来，里面又有了一枚。于是，乞丐不断地往外拿金币，他一直拿了整整一个晚上，金币已有一大堆了。看着这些钱，这个乞丐想：这些钱已经够我用一辈子了。

第二天一早，他拿着这些钱，准备到街上买面包吃。但是，在他花钱以前，必须扔掉那个钱袋。他舍不得扔掉那件宝贝，他又继续从钱袋里往外拿钱。每次当他想把钱袋扔掉的时候，他就总觉得钱还不够多。

就这样，日子一天天过去了，他的金币越来越多，多到可以买下一个国家。可是，他总是对自己说："还是等钱再多一些才好。"于是，他不吃不喝，拼命地拿钱，金币已经快堆满一屋子了，但他却变得又瘦又弱，脸色蜡黄。他虚弱地说："我不能把钱袋扔掉，金币还在源源不断地出来啊！"

没过多久，因为滴水未进的缘故，这个已经成了大富翁的乞丐看起来却非常虚弱。但即便如此，但他还是在用颤抖的手往外掏金币。最后，由于又累又饿，他死在了成堆的金币里。

在现实生活中，如这个乞丐一般的人不在少数。他们总是希望拥有得越多越好，爬得越高越好，结果当然是疲累不堪，反而让自己丢失了更多：健康、亲情、友谊，乃至生命。有一个故事叫《猴子下山》，它就给我们灌输了贪婪将会一无所有的思想，其实，在生活中，我们的父辈们也会在我们的耳根子旁念叨：做人要本分，不要丢了西瓜捡芝麻，他们用他们的生活经验告诉我们人生的道理，做人不能贪婪。的确，我们每天都在奔波劳碌，每天都在幻想填平心里的欲望，但是那些欲望却像是反方向的沟壑，你越是想填平，它就向下凹得越深。

我们要知道，欲望太多，就成了贪婪。贪婪就好像一朵艳丽的罂粟，美得令我们兴高采烈、心花怒放，于是我们就不对它设防，忘了它其实是有毒的，是一种让我们身心疲惫却永远也感受不到幸福的毒……一旦中了贪婪的毒，我们的心灵被索求所占据，我们的双眼被虚荣所模糊，我们就永远不会懂得生活的真谛，因为陷于贪婪之中的人，除了对财富感到满足，不会将其他事情放在心上。一旦财富流失，就会变得暴躁、沮丧，以为世界末日即将来临，从而患得患失，不愿睁开双眼看看世界的美妙。所以，为了一个快乐的心情，为了一份美好的生活，我们要将贪婪这朵有毒的罂粟彻底地从我们的心里拔出。

人生在世，有时候会伴随着欢笑与快乐，但有时候也会被忧虑与烦恼所侵扰。很多时候，我们会烦恼是因为我们的内心被欲望所侵染，于是心中就充满了矛盾、忧愁、烦恼，给我们的内心带来了痛苦和惶惑。我们想要得到心灵的快乐，那么就不应该一味奢求华屋美厦、不垂涎山珍海味、不追名逐利、不扮贵人相，过一种简朴素净的生活。一些外在的财富也许不如人，但内心充实富有才是真正的生活。否则，你每天都处于抱怨、急躁的情绪之中，又怎能感受到生活的轻松。

所以，“时时勤拂拭”，我们要拭去落在心灵上的灰尘，把一些美好的东西保留下来，把世俗的杂音予以抛弃，才能找回自己那颗宁静的心，品尝到来自内心的沁人心脾的心香。

知足者常乐

羁绊心灵的是内心的欲望，因为欲望得不到满足，所以才得不到快乐。对现有的收获倍加珍惜，对目前的成果尽情享受，这样才能让自己获得永恒的快乐。

一天，小郭正在路边散步，这时，他看到路旁有个小男孩在号啕大哭，于是就走过去问：“小朋友，你为何哭得如此伤心？”

小男孩揉着眼睛说：“我刚才跑得太快，不小心丢失了10元钱。”

小郭看他这么伤心，不由浑身一颤，因为他知道丢钱的滋味并不好受。于是，他从腰包里掏出10元钱给了这个小男孩。

小男孩拿到钱后，怯生生地说了声谢谢。小郭满意地笑了笑，然后继续一个人散步。半个小时候，他又转回了这个地方，谁知却看见那个男孩还没有走，反而哭得更凶了。

小郭一看，不由大惑不解，就问小男孩：“我不是已经给了你10元钱吗？为什么还哭呢？”

小男孩回答说：“如果我先前不丢失那10元钱就好了，那我现在就有20元了。”

小郭愣了愣，说：“算了，你也别这么想了，你就当没丢过钱，就当我从来没给过你钱,你的这10元钱还是你自己的,这样不就好了吗?"

"不好不好,"小男孩大叫道,"要是我还有10元钱,我就可以买一把更好的手枪,而不是买最便宜的!"

"这……"小郭听到小男孩如此回答自己,不知道刚才给他钱的行为是对还是错。不得已,他摇着头走开了。走出了很远,他还听到小男孩的哭声:"我要买更好的,我要买更好的……"

可以说,知足与不知足是我们最大的心理矛盾。人们就是在这对矛盾中生活着一辈子、工作着一辈子、奋斗着一辈子、也较量着一辈子。人的"知足"与"不知足"都具有二重性,既有积极的一面,又有消极的一面,关键是能否摆正位置,并正确把握其中的"度"。谁把位置摆正了,谁就能化消极因素为积极因素,谁就掌握了通向成功、通向幸福的钥匙。反之,失败便等待着你,让你一遍遍体会着伤心与失落。

当然,"知足常乐" 并不是一种不思进取的处世态度,用现代经济学的观点来说,"知足常乐"是指在有限资源与无穷欲望之间找出一个平衡点,并努力将这种平衡状态维持下去的生活态度。用现代心理学解释,所谓"知足常乐",就是尽量使自身的承受能力与需求保持相对平衡稳定的一种状态,它是一种积极的生活态度,是一种智慧的处世方式。人们知足于当下所拥有的,就等于削减了内心的欲望。但是,生活中并不是每个人都懂得这个道理,他们总是得到一些之后,还想得到更多,最终让自己失去快乐。

从前有一位国王拥有荣华富贵,照理,他应该满足,应该过得快乐,但事实他内心过得并不快乐。国王自己也十分纳闷,为什么他对自己的生活还十分不满意,为什么不能快乐起来呢?

有一天,国王很早就起床了,他随意在王宫四处转悠。国王无意间走到御膳房时,听到里面一个厨子在快乐地哼着小曲,脸上洋溢着幸福的表情。

国王很是奇怪,问那个厨子为何如此快乐?厨子答道:"我有一间草屋,肚子里不缺暖食,家里有贤惠的妻子和可爱的儿子,这样美满的生活,你说我能不快乐吗?"

听到这里,国王就明白了。随后,国王就与朝中的宰相讨论这个厨子的快乐,宰相说："陛下，我认为这个厨子还没有成为99一族。"

国王惊讶地问道："何谓99一族呢？"

宰相答道："您只要做这样一件事情就可以确切地明白什么是99一族了。准备一个包袱，在里面放进去99枚金币，然后把这个包放在那个厨子的家门口，您很快就可以明白一切了。"

国王按照宰相所言，命人将一个装有99枚金币的包袱放在那个快乐的厨子家门子。厨子回家的时候，发现了门前的包袱，好奇地把包袱打开，先是惊诧，然后狂喜：金币！怎么这么多金币！厨子将包里的金币全部倒出来，清点了3遍，都是99枚。他心中开始纳闷：没理由只有99枚啊？哪有人会只装99枚啊？那一枚掉到哪里去了呢？于是他就开始到处寻找，找遍了整个院子也没有找到，心情沮丧到了极点。

于是，他决定从明天起加倍努力工作，争取早一天挣回那一枚金币。晚上由于找那枚金币太辛苦，第二天早上便起来得有点晚，情绪也坏到了极点，就对妻子与孩子大吼大叫，不停地责骂他们没有及时把他叫醒，影响了早日挣回那一枚金币的梦想。

从那以后，他每天匆匆忙忙地来到御膳房，为了多挣钱，也不像以前那么兴高采烈地哼小曲、吹口哨了，平时只是埋头拼命地干活，一点儿也没有注意到国王正在悄悄地观察他。

国王看到原本快乐的厨子心情变得如此沮丧，十分不解，就问宰相："他已经得到那么多金币，应该比以前更快乐才对，可为何他不快乐呢？"

宰相对国王说："陛下，您现在看到的厨子就是99一族中的成员了。他们拥有很多，但是从来不懂得满足，他们只是拼命地工作，只为了额外地得到那个'1'，为了尽早实现那个'100'。原本快乐、轻松的生活，只因为忽然出现了能够凑足100的可能性，就变得不快乐了。他们竭尽全力去追求那个毫无任何意义的'1'，不惜付出失去快乐的代价，这就是99一族的人。"

"知足常乐"语出《老子·俭欲》："罪莫大于可欲，祸莫大于不知足；咎莫大于欲得。故知足之足，常足。"意思是说：最大的罪恶没有大过于放纵欲望的了；最大的祸患没有大过不知满足的了；最大的过失也没有大过于贪得无厌的了。所以，内心知道满足的人，永远会感到快乐。厨子的经历告诉我们“知足者贫穷亦乐，不知足者富贵亦忧”的道理。所以，快乐是与富贵、贫穷无关的，关键取决于我们内心是否满足。

真正的快乐不是拥有得多，而是内心的欲求少。我们活着就应该知足，当你早上醒来时，如果发现自己还能顺畅地呼吸，那就说明你比在这一周离开人世的100万人更有福气；如果你从未经历过战争的危险、被囚禁的孤寂、受折磨的痛苦和忍饥挨饿的难受……你已经好过世界上5亿人；如果你的冰箱里有食物，有屋栖身，你已经比世界上70%的人更富有；如果你积极地去握一个人的手，拥抱他，或者只是在他的肩膀上拍一下……那么，你真的很幸福，因为你现在所做的，已经等同上帝才能做到的。就像歌中唱的那样：“想想疾病苦，无病即是福；想想饥寒苦，温饱即是福；想想生活苦，达观即是福；想想乱世苦，平安即是福；想想牢狱苦，安分即是福；莫羡人家生活好，还有人家比我差；莫叹自己命运薄，还有他人比我厄……”

随着现代生活节奏的加快，在各种压力不断增加的今天，聪明的处世方式应该为：相对的知足，绝对的追求。知足常乐，就是要求人们对当下生命的肯定，去满足于当下的获得与快乐，心中有了满足感，快乐也就来临了。

是非成败转头空

人的一生犹如簇簇繁花，既有火红耀眼之时，也有暗淡萧条之日。如果过分地在意荣，过分地计较辱，就会滋生烦恼和痛苦。事实上，无论是荣还是辱，终有一天会成为过去，唯有坦然视之，才不会让心情被荣辱左右。

一只战马在战场上救了士兵的性命，士兵为了感激它，便为它换了一身新的马具，还在它的脖子上挂了一朵大红花，并带领它到马场上绕行一圈，让所有的马都向它行礼致敬。

这时候，一只小马充满敬意地说："你真了不起，获得了如此的殊荣，真让人羡慕！"那匹战马听后并没有洋洋得意，而是淡淡地说："没什么好羡慕的，我不过是尽了自己的本分而已。"

两个月后，这匹战马在战场上受了重伤，由于无法医治，兽医决定把它送进屠宰场。在进屠宰场时，它又遇见了之前的那匹小马。这一次，小马幸灾乐祸地说："没想到曾经风光无限的你，如今却落得了这样的下场。你可是真是有福气，一会儿到天堂，一会儿到地狱，这世间的各种滋味都被你一个人尝尽了……"

面对小马的冷嘲热讽，受伤的马依旧淡淡地说："没有什么可悲伤的，这条路早晚都要走，我只不过比你们早走一步罢了。"说完之后，它就平静地走进了屠宰场。

战马在立下战功之时，迎来了无比辉煌的时刻；而当它负伤无法医治时，又被无情地送进了屠宰场，生活显得悲惨万分。面对这一切，小马在一旁冷嘲热讽，而战马却始终保持着最初的那一份从容，得意的时候没有骄傲，失意的时候也没有悲伤，这无不令人感动和敬畏。我们也该拥有这样一份淡然和从容的心境，用平静的心去面对人生的荣辱，得而不喜，失而不忧，只有这样才能为自己赢得一个广阔的心灵空间，在起起伏伏的生活中把握自我、超越自我。

“是非成败转头空，青山依旧在，几度夕阳红；古今多少事，都付笑谈中。”是非成败转头空，许多人的一生都在追逐名和利，其实，到头来得到的还不是一抔黄土，所以，我们要保持一颗淡泊名利的平常心，随性生活才不枉此生。人生的最高境界，即为这种“平淡”。

一个人想做到坚韧不是难事，然而能够做到平淡的人却少之又少。不少曾经已经地位显赫的人，最终却落得身败名裂的下场，很大程度上都与不懂“平淡”有着直接的关系。所以，想要有一颗平静的心，我们就必须磨炼自己的意志，不会为了一时的得失而兴奋或难过，顺其自然地享受人生。

一位自称是诗歌爱好者的乡下小伙子特意登门拜访年事已高的爱默生，说明自己从小就开始诗歌创作，只因地处偏远，一直得不到大师的指点，因仰慕爱默生的大名而千里迢迢前来求教。

爱默生看到这位青年虽然出身贫寒，却谈吐优雅、气度不凡，便热情地招待了他。老少两位诗人谈得非常融洽，其间青年把自己的几页诗稿递给爱默生。一阵沉默后，爱默生认定这位乡下小伙子在文学上将会大有作为，决定凭借自己在文学界的影响而大力提携他。

果然，爱默生将那些诗稿推荐给文学刊物发表，并希望小伙子能继续将自己的作品寄给他。于是，老少两位诗人开始了频繁的书信来往。

青年诗人的信一写就长达几页，大谈文学，辞藻华丽、激情洋溢。这让爱默生对他的才华大为赞赏，在与友人的交谈中经常提起这位青年。青年诗人很快就在文坛中有了一点小小的名气。

但此后，这位青年再也没有给爱默生寄来诗稿，而信却越写越长。奇思异想层出不穷，言语中开始以著名诗人自居，语气也越来越傲慢。爱默生开始感到了不安，凭着对人性的深刻洞察，他发现这位年轻人身上出现了一种危险的倾向。通信一直在继续，可爱默生的态度逐渐变得冷淡，转变成了一个倾听者。

后来，在一次秋天的文学聚会上，老少两位诗人又一次相遇了。爱默生询问年轻人为何不再寄诗稿了。

“我在写一部长篇史诗。”青年诗人自信地答道。

“你的抒情诗写得很出色，为什么要中断呢？”

“要成为一个大诗人就必须写长篇史诗，小打小闹是毫无意义的。”

爱默生说：“你认为你以前的那些作品都是小打小闹吗？”

青年诗人回答说：“是的，我是个大诗人，我必须写大作品。”

至此，爱默生有些惋惜，又有些无奈，只说了一句“我希望能尽早读到你的大作。”便没再理会年轻人。

青年诗人完全没有听出爱默生的无奈，而是很自傲地说：“谢谢，我已经完成了一部，很快就会公之于世。”

在那次文学聚会上，这位被爱默生所欣赏的青年诗人大出风头。他逢人便侃侃而谈、锋芒逼人。虽然谁也没有拜读过他所谓的大作品，但几乎每个人都认为这位年轻人必成大器，否则，他怎么会得到大作家爱默生如此的赏识呢？

但事实是，在那年的初冬，爱默生收到了这个青年诗人的最后一封信，终于承认了之前畅想的所谓大作品完全就是子虚乌有之事。他在信中写道：“很久以来，我一直都渴望成为一个大作家，周围所有的人也都认为我是一个有才华、有前途的人，当然我自己也一度是这么认为的。我曾经写过一些诗，并有幸获得了阁下您的赞赏，我深感荣幸。使我深感苦恼的是，自此以后，我再也写不出任何东西了。不知为什么，每当面对稿纸时，我的脑中便一片空白。我认为自己是个大诗人，必须写出大作品。在想象中，我感觉自己和历史上的大诗人是并驾齐驱的，包括尊贵的阁下您。在现实中，我对自己深感鄙弃，因为我浪费了自己的才华，再也写不出作品了。”

从那以后，爱默生就再也没有得到过这位青年的任何消息。

青年诗人为了满足虚荣心，一味地苦苦追求大诗人的头衔，却又不想脚踏实地地付诸努力，终究一事无成。可见，虚名只是一种无畏的追逐，它不但不可能把我们向成功的道路上指引，反而会让人堕入歧途。

明代还初道人洪应明所著的《菜根谭》之中说："此身常放在闲处，荣辱得失谁能差遣我；此身常在静中，是非利害谁能瞒昧我。"它的意思是说：经常把自己的身心放在安闲的环境中，世间所有的荣华富贵和成败得失都无法左右我；经常把自己的身心放在安宁的环境中，人间的功名利禄和是是非非就不能欺骗蒙蔽我。淡泊名利，是古往今来许多文人雅士所崇尚的。不必为过去的得失而后悔，不必为现在的落魄而烦恼，也不必为未来的不幸而忧愁。甩开名利的束缚和羁绊，做一个本色的自我，不为外物所拘，不因进退或喜或悲，待人接物豁然达观，不为俗世所困扰。

诚然，几乎没有人不喜欢听好话、被颂扬的。那种如沐春风的幻觉让我们越来越不切实际地希望自己被拍成电影，画成油画，写进书里，裱在先进典型的框里，千古流芳。但是，浮生一梦，须臾而逝；我们只不过是"沧海一粟"的过客。每个人离去的时候，生前与身后的名声都将随即飘落。

每每想到居里夫人将英国皇家学会奖章作为玩具拿给孩子时，都不免感慨。她在面对法国授予的骑士十字勋章时，毅然谢绝地说："我不要这块小铜牌，只需要一个实验室。"的确，名誉就像是玩具，只是供我们一时消遣之游乐。所有的虚名都无法替代求真务实的拥有。

不要再等"虚名白尽人头"的时候才痛心于那些光环、泡沫的破碎。悠长岁月，纵有琐事烦俗，纵有劳碌奔波，也都应保持一颗淡然之心，简简单单地直面所有的来临和结束，闲看庭前，漫观天外。看淡虚名，一些更实在的东西才能被我们把握。

拔掉心中杂草，拥有美丽的心灵

健康、幸福和财富等一切美好的东西都是源自于一个人洁净的心灵，所以，我们想要拥有这些美好，就必须拔出心中的杂草，还我们一颗纯净、澄澈的心灵。

一个人终日唉声叹气、郁郁寡欢。神看他可怜，便决定给他一些帮助。神问："你把心事说出来，或许我能够帮助你。这样，你就不用每天愁眉苦脸了。"

不快乐的人并不知道站在他面前的人是神，他悲伤地说道："我听说这个世界上有两种罕见的宝石，我一直都很想要，但始终没有得到，所以我不快乐。"

神听了他的心事后，哈哈大笑，说道："我以为是多么大的事情，不就是两块石头吗，我给你好了。"于是，神把这两种罕见的石头给了他，希望他能够从此快乐起来。

过了一段时间，神再次遇见了这个人，可他看上去并不快乐，甚至比以前还要苦恼。这令神百思不得其解："既然你已经得到了想要的东西，还有什么不满足呢？"

"你不知道，自从有了这些宝贝，我每天都在担心它们会被人偷走，或者丢失。我害怕失去啊！"不快乐的人说道。

神看着他眉头紧锁的样子，无奈地说："得不到的时候害怕不能得到，得到之后又担心失去。这样的人，我也没办法让他快乐。"

社会不断地发展，人们的物质欲望也越来越膨胀，这个社会充满着诱惑，一些人再也不满足于吃饱穿暖，总是奢求穿高档名牌，吃山珍海味，住乡间别墅，开宝马香车。追名逐利的现代人，一切都被欲望支配着，我们的心里长满了欲望和奢求的杂草，失去了本真和自我。很多人也和寓言中的人一样，患得患失，整天为了得失所忧，为得失所累，不懂得享受追求和拥有的喜悦，心里被得失纷扰得没有一丝安宁。

我们的心灵世界里包藏有很多东西，美、丑、善、恶、贪婪、名利、金钱……这些东西看不到、摸不着，但却左右着我们的行动。一个澄澈美丽的心灵世界里只有美好的、坦诚的、善良的东西，在那里我们看到的是一种叫做真、善、美的花，只要我们能够用心去浇灌，它就能结出美丽的果实。在一个污浊丑恶的心灵世界里只有贪婪的、自私的、虚荣的东西，在那里我们只能看到丑恶疯长的杂草。如果我们任心中的杂草到处蔓延，长势过旺的它就会威胁善美之花的生长。

阿财是一个长工，他在地主家兢兢业业地辛苦了一辈子，他最大的愿望就是得到一块土地。

有一天早上，地主对他说："阿财，你在我家辛苦了一辈子，从没有过抱怨，为了感谢你，我决定满足你的愿望，你从这里往外跑，跑一段就插个旗杆，只要你在太阳落山前赶回来，插上旗杆的地都归你。"

阿财听了，惊喜万分。他拼命地跑，太阳偏西了还不知足。太阳落山前，他跑回来了，但人已精疲力竭，摔个跟头就再没起来。

地主遗憾地摇了摇头说："本来是想满足你的愿望，却害了你的性命，一个人要多少土地才满意呢？人的心的确可怕。"说完他找人挖了个坑，就地埋了阿财。

其实，地主没有使阿财丢掉性命，让他失去性命的是他不满足的心灵。正如地主所说，人的心的确可怕。一个人的心灵如果不纯净，就如猛虎，害人也会害己。

"身是菩提树，心如明镜台，时时勤拂拭，勿使惹尘埃。"这是禅宗神秀和尚所作的一首偈。也许，这一首偈没有六祖慧能的"菩提本无树"那么玄妙，但是它却更能贴近我们这些世俗之人的心。

原本，我们的心灵是一片净土，一尘不染，与世无争。但是，它很容易被世俗杂音污染，失去原有的宁静。由于欲念的存在，我们会被世上的名利、金钱、物质所迷惑，心中只想将喜欢的东西通通归为己有，而不想舍弃。于是心中就充满了矛盾、忧愁、烦恼，心灵上就会承受很大的压力，再也听不到来自心灵的呼唤。因此，我们必须学会反思这些不当的心理状态，避免世俗的混杂声所扰乱，以致迷失自我，无法自拔。

这要求我们能够在生活和工作中抽出必要的时间去对自我进行必要的反省，去战胜那些影响我们心理健康的因素，去清除那些污染我们心灵的杂草，还我们一个纯净美丽的心灵，也还我们一份美好宁静的幸福。

宁静是一种心态

一份优雅能够把忧愁雕刻成永久的历史，一份淡然能够把忧虑嵌进古老的屏风，一份豁达能够把狭隘衔入流水般的时光，一份乐观能够把失落冲散为点点雪花，消融于满怀感觉的土地。永远都别忘了给自己留一片宁静的天地，给自己的心灵留一点宁静的空间。

古时候，一个国王非常喜欢画，有一天他贴出告示，谁能够画出最能代表宁静的意境，就赏 1000 两银子。于是，全国的画师们各尽所能，把自己最满意的作品送到皇宫，请国王鉴赏。这些画的内容非常丰富，有清幽的湖水，有寂静的山村，也有静谧的黄昏……可是，谁也没想到，国王最终选择了一副乌云翻滚、闪电雷鸣、狂风大作、雷雨笼罩群山的画，并将 1000 两银子赏赐给那位画师。

对于国王的选择，大臣们和其他画师很不解。于是，国王又让他们每个人仔细地看那幅画，这时候他们才发现，原来在雨幕中，在嶙峋山石的崖下有一个小缝隙，里面有一个鸟窝，一只小鸟蹲在窝中，安详闲适地待着，外面翻天覆地般的闪电雷鸣，似乎和它没有任何关系，而那些景象也丝毫没有影响到它。

国王说："宁静祥和，不一定是没有噪音、没有人生活的地方。宁静是一种感觉、一种心态。如果一个人身处逆境之时还能够保持心中的澄澈，那就是宁静的真谛。"

宁静是一种感觉、一种心态。如果一个人在身处逆境的时候也能够保持心中的澄澈，静观其变，那才是宁静的真谛。对于我们来说，唯有拥有宁静的心灵，才不会眼热名声显赫，不奢望金银成堆，不乞求声名鹊起，不羡慕美宅华第。因为所有的奢望和欲求都不过是一厢情愿，只能给生命增添无谓的重负，让自己与快乐和幸福绝缘。

很多时候，人的内心都被外物遮蔽了，为此也给人生留下了不少遗憾。在学业上，因为不懂得聆听内心的声音，盲目地遵从他人为自己选择的方向；在事业上，因为看到了众人涌向热门高薪的职业，假装听不到内心的声音，跟随人潮涌向了自己并不喜欢的工作岗位；在爱情上，因为对经济、地位等非爱情因素的追求，扭曲了内心的声音，错误地选择了人生伴侣……这一切，让人们离幸福越来越远，变得越来越不开心。导致不幸福的根源，其实就是忽略了自己内心的声音，没能在外界的诱惑下保持一份心灵的宁静。

在一条老街上，住着一位老人。年轻的时候，老人绣了大量的工艺品，如今她把刺绣品拿出来卖。东西摆在门前，她从不吆喝，也从不还价，晚上也不收摊。她的生意没有好坏之分，每天的收入正好够她喝茶和吃饭。她老了，也不再需要多余的东西，她过得很满足。

有一天，老人在门前喝茶，一个文物商看到了她身旁的那把紫砂壶。紫砂壶古朴雅致，紫黑如墨，有清代制壶名家戴振公的风格。文物商走了过去，顺手端起那把壶，他看到壶嘴内有一记印章，果然是戴振公。商人惊喜不已，他想以 10 万元的价格买下它。当他说出这个数字时，老人先是一惊，然后又拒绝了，因为这把壶是他早逝的丈夫留给她唯一的东西。

虽然老人没有把壶卖给商人，但她心里却难以平静。那天晚上，老人平生第一次失眠了。一把普通的壶，突然间成了价值 10 万元的宝贝，她想不明白。过去，她总是把壶放在身边，闭着眼睛躺在摇椅上养神，可她现在却总是不时地看一眼紫砂壶。更让她感到不舒服的是，周围的人知道她有一把价值连城的茶壶之后，蜂拥而至，有人向她借钱，有人询问她还有没有其他的宝物，更有甚者半夜敲她的门。

老人的生活被彻底打乱了，她不知道该如何处置这把紫砂壶。就在她感到纠结的时候，商人带着 20 万元的现金再一次登门，老人再也坐不住了。她叫来周围的人，当众摔碎了紫砂壶。

现在，老人又可以躺在门前的摇椅上闭目养神，安享晚年了。

宁静能够沉淀出生活中许多纷杂的浮躁，过滤出浅薄粗率等人性的杂质。宁静是一种气质、一种修养、一种境界、一种充满内涵的悠远。老人的安之若素、沉默从容，体现出了她的涵养与理智，更给予了她幸福而绵长的人生。“淡泊以明志，宁静以致远。”一个人只有不追求名利，生活简单朴素，才能显示出自己的志趣；也只有不追求热闹，心境安宁清静，才能达到远大的目标。

诸葛亮在《诫子书》中说：“非淡泊无以明志，非宁静无以致远。”这句话道出了人生的许多真谛。追逐名利，是误入歧途。淡泊名利，可能平凡，但是还不致会平庸，追名逐利，可能会风光一时，但心灵不会自由，也活不出真正的精彩来。其实，名利是身外之物，面对名利，我们要做到处之泰然、不惊不喜；失之淡然，不悲不怒。为了名利而累心累身，确实是本末倒置的傻事。

行走在五光十色的社会中，那种恬静如诗的岁月对我们来说已经成为一种奢侈，内心最真实的声音也在繁忙和喧嚣中逐渐被淹没。对物质的欲望慢慢地吞噬我们的性灵和光彩，让我们留给内心的空间无限缩小，而后变得郁郁寡欢。在这个物欲横流、充满浮躁的时代，我们更要坚定不移去努力，甘于寂寞，保持清静圆满的心态不停追求。这就是“淡泊以明志，宁静以致远”。

淡泊名利是人生的一种佳境

淡泊是一个人的修养、是一个人精神的一个至高的境界、是一种灵魂的典雅，真正淡泊之人，心态平和，视名利如粪土，能够堂堂正正做人、踏踏实实做事，最终获得精神上的享受。

乾隆皇帝在下江南的时候，曾问金山寺的一位高僧："长江中的船只每天都来来往往，如此繁华，一天到底要经过多少条船啊？"高僧回答道："这里只有两条船经过。"乾隆忙问道："怎会只会有两条船呢？"高僧答道："一条为名，一条为利，整个江中来来往往的无非就是这两条船。"

乾隆又问道："为何这么多人都在为名利而奔波呢？"

高僧答："因为人活在世上，无论是贫富贵贱、穷达逆顺，都是生活在真空中，都不听从于内心的声音。他们一味地想生存发展，却都离不开'名利'两字。"

诚然，名利的确能够给人带来巨大的物质利益，能够满足人的虚荣心。但是如果你过分地追名逐利，一定会给自己带来无尽的烦恼。萨克雷的《名利场》中的女主人公丽蓓卡·夏普便是一个例子。她一生都是在不断追求中度过的，但是到最终，她的一切心机却全部白费了。作者最终在书中以这样的伤感而又无奈的语气说道："唉，浮名虚利，一切虚空，我们这些人谁又是真正快活地活着的？谁又是称心如意地活着的？就算当时遂了自己的心愿，以后还不是照样不知足？"

其实，人在这个世界上，只是一个来去匆匆的过客而已。名与利，都是过眼云烟，生不带来，死又不能带去，与其一生为它所累，还不如活得实实在在、快快乐乐，用一颗平常心来看待它，将一切看得淡一点，再淡一点。古往今来，那些大学问家都是这样去做的，他们不屑于个人的名利，而是将全部的心血和才华投入到自己喜爱的事业之中。所以，他们一方面能够享受到心如止水的快乐，另一方面也能水到渠成地获得惊人的成就。

有一位日本的留学生，在纽约华尔街附近的一间餐馆打工。一天，他雄心勃勃地对着餐馆大厨说：“你等着看吧，我总有一天会打进华尔街的。”

大厨好奇地问道：“年轻人，你毕业后有什么打算呢？”

留学生回答：“我希望学业一完成，最好马上进入一流的跨国企业工作，不但收入丰厚，而且前途无量。”

大厨摇摇头：“我不是问你的前途，我是问你将来的工作兴趣和人生兴趣。”

留学生一时无语，显然他不懂大厨的意思。

大厨却长叹道：“如果经济继续低迷下去，餐馆不景气，那我就只好去做银行家了。”

留学生惊得目瞪口呆，几乎疑心自己的耳朵出了毛病，眼前这个一身油烟味的厨子，怎么会跟银行家沾得上边呢？

大厨对呆鹅般的留学生解释说：“我以前就在华尔街的一家银行上班，天天披星戴月，早出晚归，没有半点自己的业余生活。我一直都很喜欢烹饪，家人朋友也都很赞赏我的厨艺，每次看到他们津津有味地品尝我烧的菜，我就高兴得心花怒放。有一天，我在写字楼里忙到凌晨一点钟才结束了例行公务，当我啃着令人生厌的汉堡包充饥时，我下定决心要辞职，摆脱这种工作机器般的刻板生活，选择我热爱的烹饪为职业，现在我生活得比以前要愉快百倍。”

曾获 19 项国内外大奖的袁隆平说：“要淡泊名利，踏实做人，才能取得一定的成就。现在少数人搞学术腐败，就是功利心、享乐心太重，急功近利、弄虚作假，到头来害人害己，只有踏踏实实地做人、做事，才能使心灵获得真正的满足。”在金钱面前，他始终仅仅只满足于基本的生活需求，对此，他解释道：“精神上丰富一点，物质上和生活上看淡一点，因为一个人的时间与精力是有限的，如果内心总想着名利，哪有心思搞科研？在吃方面以清淡和卫生为贵，在穿方面只要朴素大方就行了。如此这样才能保持身心健康，心情也才能够愉快，事业也才能取得更大的成就。”

在这个物欲泛滥的社会中，充斥着各种各样炫人的诱惑。对于名利这些东西，嘴上虽然是“视为粪土”，但是内心还是“看得破，忍不过，想得透，做不来”，在真正面对名利的时候，忍不住要去争一下、抓一抓，最终累心累身，实在得不偿失。所以，在生活中，我们要想活得轻松，就要淡泊名利，能够平静地对待生活，平静地对待身边的人与事，得到了就欣然接受，失去了泰然处之；在鲜花掌声中不忘形，面对冷嘲热讽也无所谓；得意时不张扬，在挫折面前也不忧伤……唯有在此种心态下生活的人，才能活得快乐和洒脱。

心多贪念，必成羁绊

当我们缺少了平常心，就会心生烦恼、贪痴、恶念、妄想，会做许多白日梦，会有许多不现实的梦想，也会因为这些梦想的破灭而陷入失望甚至绝望之中。

有一刚出家的佛门弟子，平时十分刻苦，终日打坐，想成为禅僧。

他的师父发现后，便问道：“你为何要终日打坐？”

弟子答道：“我要成为禅僧。”

师父听罢，微微一笑，说：“你打坐的目的就是为了成为禅僧吗？”

弟子回答道：“是的。您不是经常教导我们说，打坐可以守住最容易迷失的心，可以以清净之心来看待周围的一切事物，最终可以成为禅僧吗？”

师父说：“你错了，你心中带有欲望去打坐，如何才能以清净之心来看待周围的一切事物呢？你这样打坐只是在折腾自己的身体，根本不会成为禅僧。”

弟子越听越糊涂，迷惑地望着师父。师父这样说道：“要成为禅僧并不是让你整日像木头一样死坐着，而是心情要达到一种极度的宁静状态。你带着目的去参禅打坐，内心只会散乱，我们的心灵本来就是清净安宁的，你受到了外界的这些物相的迷惑与困扰，便会如同明镜上面蒙上了灰尘一样，最终不仅不能成为禅僧，而且还会在不知不觉中愚昧地迷失了自我。”

由此可见，心多贪念，必成羁绊。就像故事中的小和尚，如果你总是带着一定的功利目的去做事情，心最终会被拖累，最终你也极难达到自己的目标。

在生活中，我们之所以放不下，就是因为心中存有太多的杂念，这些杂念时时刻刻束缚着我们的内心，同时也束缚了我们的生活。可以试想：如果我们的内心一直处于十分平静的状态，杂念和烦恼自然也就无安身之地，这样我们才能更容易地排除外物的诱惑，才能将事情进展得更为顺利。

但是，生活中却有很少的人才能够达到这种境界，因为世间总有不尽的诱惑在缠绕着我们，束缚着我们的内心，最终也不能将事情进展得更为顺利。然后，再生出烦恼，再将事情弄糟……如此地恶性循环，于是抱怨、愤怒、嫉恨等一些负面的情绪就接而不断地缠绕着你，你的生活自然也没有什么快乐而言了。当你真正静下心来细细思考的时候，就会明白，其实干扰你的并非是外界环境，而是那颗不安的心。

从前有一户穷苦人家住在深山中。有一天，母亲要求16岁的儿子到山下去打些油回来。在离开之前，母亲就递给儿子一个大碗，并不时地嘱托他：“你一定要小心，家里最近经济真的很紧张，你绝对不能把油给洒出来浪费了。”

儿子小心地应和着，过了很长时间才下山来到母亲指定的店里买油，儿子心想：下山一次太不容易了，不如多打点回去，只要自己走路小心点，一定会安然地把油端回家中的。于是，他就让油店伙计把他的碗全部都装满了油。儿子就小心翼翼地端着装满油的大碗，一步步地走在山路上，不敢左顾右盼。十分不幸的是，他在快到村里的时候，由于内心紧张没有看前行的路，一下子踩进了一个小坑中。虽然没有摔倒，但碗里的油却洒掉了1/3。儿子十分懊恼，而且紧张得手都开始发抖，无法将碗端稳。回到家里后，油却洒掉了一半。母亲看到装油的碗时，感到有些生气，对儿子不客气地说：“不是说好让你小心点吗？为何还是洒掉了这么多油，白白浪费了那么多钱！”儿子心中十分难过。

这时候，爸爸听到了，闻声来了解情况。随后，他就不停地安慰儿子，并私下里对儿子说，“我再派你去买一次油，这次你只要买些油回来，只装一半就可以了，并且你在回来的途中多观察你周围的人与事，回来后给我一个报告。”

儿子又勉强下山了，但是他的心中不再紧张，因为他想只有半碗油，无论如何也洒不掉的，于是心情极为轻松。也就在回家的途中，他也才发现路上的风景真的很美。远方有翠绿的山峰，又有农夫在田中唱歌。一会儿，又看到路旁边的一群小孩子玩得十分开心，而且还有一群小狗卧在那儿晒太阳。儿子就这样一边走一边看风景，不知不觉地就回到了家中。当儿子把油交给父亲时，才发现碗里的油好好的，一滴都没有损失掉。

一切烦恼皆由心生，就像这位打油的儿子一样，第一次由于油装得太多，所以心存顾虑，做事缩手缩脚，放不开，最后反而将油弄洒了。到后来，由于油装得少，所以才放下了心中的顾虑，轻松地完成了任务。所以，在生活中，我们一定不要有太多的贪念，这样才不致生出太多的烦恼来束缚我们的快乐生活。

我们生活中的许多烦恼和忧虑皆是由于我们内心感受对外界事物的一种投射而已，如果我们能够日日更新、时时自省，就会摆脱世俗的困扰，清除心灵的尘埃。智慧的人是能够体悟到万物皆空的道理的，这种万物皆空并不是消极悲观的虚无，而是没有执著、没有牵挂、坦荡磊落、广大自在的一种心境。如果我们把生活中的物欲横流看做是镜中花、水中月，便会觉得世间没有什么可求可恋，你的心灵和人生也就没有了所谓的障碍、痛苦和烦恼，你的心灵也就能够达到一种完美清净的境界。

笑看天下几多愁

将生活中的挫折和困难视为游戏，不是为了游戏人生，而是为了以积极的心态面对现实，从而克服困难。笑看忧愁，笑看人生，如此而已！

一匹战马驰骋疆场多年，多次立下战功。曾经有一次，它把受伤的主人从战场上救了回来，为此部队长官还亲自接见了它，给它戴上大红花，绕城欢庆。后来，这匹马因为在战斗中负伤，被送到后方疗养。待伤好之后，部队便将它卖给了一位腿有残疾的农夫。

有一天，农夫给马套上辔头，想让它到磨坊里拉磨，这时他看到马哭了。农夫好奇地问："伙计，我没有亏待过你，你为什么哭呢？"

马伤心地说："我知道你没有亏待我，我哭是因为觉得命运不公。以前，我是功勋卓著的战马，享受过无限荣誉；可现在的我，却在小磨坊里拉磨，而且余生都要这样度过！我想想就很难过。"

农夫笑着安慰马，他说："以前，我也是一名骁勇善战的士兵，还获得过军功章。后来，我的腿在战斗中受伤了，便退伍回乡了！可是，我没觉得现在的生活和以前有什么差别，你看我现在过得不是很开心吗？"

马和农夫都曾经在战场上立过功，并获得了殊荣，他们也都是因伤而离开了战场，可是马过得不开心，而农夫却依然乐观地生活着。相信我们在读完这篇寓言的时候，一定有所启发。其实，人生就是这样，有时荣华富贵，有时举步维艰；有时一切顺利，有时却处处碰壁，可是不管怎么样，我们都该保持一种豁达的心胸，淡然地面对着这一切。唯有如此，才能够在处境突变时不会有失落和痛苦，才能笑对人生的起起落落。

在生活中，面对同样的事，为什么有的人很快乐，而有的人却充满烦恼呢？这主要是由人的内心决定的。哲学家说：“你的快乐与你的悲伤都是由心而生的，它不会受外界的任何理由所影响！”同样的事物，由于人的心态不同，其结果也是不同的。

我们从小就学会了做游戏，游戏本身，就是在不断战胜挫折与失败中获取一种刺激与欢乐。假如没有挫折与失败，再好的游戏也会索然无味。人生就如一场游戏，我们作为其中的玩家，真的能像对待现实的游戏一样对待它吗？人们玩游戏，是寻找娱乐，是带着挑战的心情去面对游戏中的困难与挫折的，面对强大的对手，不断地损伤受挫，但越是如此，越会兴头十足。

试想，倘若人们在生活中也有这么一种积极向上的游戏心态，那么失败后，就不会显得那般沉重和压抑。既然如此，我们为何不将挫折变成一种游戏呢？那样便会让痛苦沮丧的心情超然快活起来。二者其实并无差别，只是人们在游戏中身心放松，而在生活中过于紧张。

每个人的路都不一样，但命运对每个人都是公平的，有得必有失，就看你能不能往好处想。

年迈的约翰·艾弗里有两个可爱的儿子，大儿子杰西平时就十分悲观，总是很沮丧的样子；二儿子亚德却十分积极乐观，每天都乐呵呵的。所以，约翰·艾弗里平时为了能让杰西快乐起来，就对他十分偏爱。

在圣诞节来临前，约翰·艾弗里分别送给他们两个人完全不同的礼物，在夜里悄悄地把这礼物挂在圣诞树上。第二天早晨，哥弟俩都起来了，想看看圣诞老人给自己的究竟是什么礼物。哥哥杰西的礼物很多，有一把气枪、有一双羊皮手套，还有一辆崭新的自行车和一个漂亮的足球。哥哥将自己的礼物一件一件地取下来，但是他内心却并不高兴，反而忧心忡忡的。

父亲见状，就问他：“这些礼物你都不喜欢吗？”杰西拿起气枪说：“看吧，如果我拿这支气枪出去玩，说不定会打碎邻居家的玻璃窗，这样一定会招来一顿责骂。这双羊皮手套很暖和，但是说不定我戴着出去会挂到树枝上，这样一定会生出许多烦恼；还有，这辆自行车，我骑出去倒是能玩得高兴，但说不定会撞到树干上，会因此而受伤。而这个足球，我终究是要把它踢爆的。”父亲听到此，没有说话就出去了。

刚出门就看到他的小儿子亚德除了收到一个纸包外，什么也没有。但是，当他把纸包打开后，不禁哈哈大笑起来，一边笑，一边在屋子里到处寻找着什么。父亲问他：“你为什么这样高兴？”他说：“我的圣诞礼物是一包马粪，咱们家一定有一匹小马驹就在我们家里。”最后，亚德果然在家里的屋后找到了一匹小马驹，很是兴奋地跳起来。随后，父亲也跟着笑起来：“真是一个快乐的圣诞节啊！”

其实，在工作和生活当中，许多的事情都是这样，乐观的情绪总会给人带来快乐的、明亮的结果，而悲观的心理则不管他得到什么，都不会快乐，而这一切都是由个人的内心决定的。所以，悲观是自己酿造的苦酒，怨不得周围的任何人与事；快乐也来自于我们的内心，它并不是非要借助于外物就能够得到的。

同样地，在现实生活中，我们内心的许多忧虑往往并不是起源于外界的危险信号，而是源于我们内心的非理性想法。我们总是担心疾病、担心车祸、担心失业，但是实际上这些都只是我们内心的想象而已。在这背后，隐藏着这样的一个想法：“生活必须是平安的，并且要按照我希望的方式进行，而不要有太多的麻烦和困难，如果不是这样，我可就无法忍受了。”你要知道，你这样烦恼，是不能改变任何事实的。

快乐也是一天，悲伤也是一天，与其烦恼地过，不如快乐地活。而快乐与悲伤都是由我们内心所生，我们要想获得快乐，就应该尽早地摒除内心的烦恼和痛苦，把内心的阴郁情绪打扫干净，让自己快快乐乐地过完当下的时光。

第11章

伸出双手，就能拥有全世界 淡然的人生不狭隘

生活中的我们看不到世界的宽广，看不到梦中的蓝天白云，是因为自己的心胸不够豁达。拥有淡然的心境，伸出我们的双手，心灵就会变得澄澈、心灵纯净的人，即使遇到一些不愉快的事情，也会泰然处之，不会因为那些无谓的事而耿耿于怀，不狭隘的人生才会感觉到幸福的存在。

所以，从现在起，不要计较太多，告别琐碎与平庸，拥有一颗豁达的心，你就能尝到幸福的滋味。

宽恕别人，宽容自己

宽恕他人让我们自己心平气和，如同一杯清茶一般沁人心脾。一个善意的微笑或一句幽默的话语，也许就能化解人与人之间的怨恨和矛盾，填平感情的沟壑。

战国末年，赵国大臣蔺相如两次出使秦国，将生死置之度外，表现出的大智大勇令秦王折服，为赵国赢得了尊严，因此得到赵国上下的赞扬。赵王为了奖励他立下的大功，就封他做了上卿，地位在将军廉颇之上。

廉颇自恃资格老，为赵国东征西战立下了汗马功劳，因此很不服气，就对自己的手下说："我是赵国的大将，为了保护赵国的江山社稷，立了多少汗马功劳！大王不封赏倒也罢了，却把一个只会动嘴皮子的蔺相如封为上卿，爬到我的头上来了！哼！我见到他，一定要羞辱他。"

有人把廉颇的话传给了蔺相如，蔺相如就尽量避免和廉颇接触，多次称病不去上朝。一天，蔺相如乘车出行，远远地就看见廉颇的车马迎面而来，他赶紧叫手下把车赶进小巷躲一躲，让廉颇的车马先过去，以免认出他来。蔺相如手下的人十分愤怒，不明白他为什么这么怕廉颇。于是，他们纷纷责怪蔺相如不应该如此胆小怕事。蔺相如对他们解释道："你们觉得廉将军和秦王相比，哪一个人厉害哪？"手下说："当然是秦王厉害啦。"蔺相如又说："对呀！天下的诸侯都怕秦王，而我却敢逼他去鼓瑟，也敢当面指责他的背信弃义，不把和氏璧交给他秦王并不能把我如何。廉将军威势不如秦王，我怎么会怕他呢？因为我想过，虎狼般的秦国之所以不敢来侵犯赵国，就是因为赵国有我和廉将军在，要是我们两人不和，就会削弱我们赵国的实力，让秦国知道了，就会趁机来侵犯我们。因此，我宁愿忍让点儿。"

有人把这件事告诉给了廉颇，廉颇才明白蔺相如为了国家的利益而处处忍让着自己，心里感到很惭愧，于是就光着上身，到蔺相如家负荆请罪。请蔺相如原谅自己的鲁莽。蔺相如听说后，赶紧走出大门，将廉颇扶起来拉进府中。从此之后，两个人就成了交心朋友为了保卫赵国而尽心尽力，他们谱写的将相和的故事也被后人津津乐道。

宽恕是一种需要操练、需要思考才能达到的境界。它是在别人和自己意见相左时，不要固执己见，而应首先了解对方想法的根源，找到他们提出意见的基础。任何人都有自己对人生的看法和体会，我们要尊重他人的感受，取其精华。

学会宽恕，意味着不拿别人的错误来惩罚自己。生气的根源不外乎一己之利或一己之尊受到了侵犯，于是便勃然起色、怒火中烧。此种反应无非是在惩罚自己，可谓有百害而无一利。摒弃睚眦必报，宽以待人，从而拥有一份潇洒的风采。

同时，宽恕也是一种不计较。每个人都会犯错，如果执著于过去的错误，就会给彼此带来思想包袱，不信任、不放开，既对他人造成了一种阻碍，也限制了自己的思维。宽以待人要求我们即使对有错的人也不要厌恶，应该给人提供改过的宽松条件，原谅过失，助其改正。正所谓与人方便，与己方便。

男人是一家企业的老板，儒雅风趣；女人是一位娱乐经济人，漂亮、善解人意。男人对女人关怀备至，女人也对男人呵护有加。可是有一天，女人却发现自己的丈夫有私情。

因为工作需要，她要到外地出差。在去车站的路上，她突然想到一个重要的文件丢在家里，便立即赶回家。到了家门口，她看到了令自己为之一怔的场景：丈夫慌慌张张地打开房门，让一个女人先进去，随后向四周认真地观察了一番，然后"砰"的一声关上房门。那个女人是丈夫的秘书，就住在离他家不远的单元楼。

她本想冲进屋内，当面揭穿他们的私情。可是，转念一想：这样做势必将会掀起一场轩然大波，不仅会激怒那个女人，也会令自己的丈夫感到难堪，甚至会在无形中把他推向那个女人。她不想看到这样的结果，而且她相信自己的丈夫也只是一时糊涂而已，在他的心中，一定还深爱着自己。难道，自己就该装聋作哑吗？想到这里，她决定给那个女人一个台阶，让她自己断了这份私情。

她拨通了家里的电话："老公，我有一个重要的文件丢在书房了，你帮我找出来。我请阿丽去拿。"阿丽就是那个女人。还没等男人作出回答，她又拨通了阿丽的电话："阿丽，麻烦你到我家拿一份文件送给我。我现在就在商场门口。几分钟以后，阿丽站在了女人的面前，脸色满带尴尬。她接过文件，只说了声谢谢，便装作若无其事地离开了。

可是，就在她离开的那一刻，她的眼泪却流了下来。她不知道自己这样做能否换回丈夫的心，如果不能的话，该放弃的人就是自己了。

上天是公平的，她理智的做法为她挽回了婚姻和丈夫的心。多年过去了，她的丈夫没有再做出任何越过雷池的行为，他们之间也好像没有发生过不愉快一样，依旧幸福。男人与阿丽断绝了关系后，也多次向朋友说道："她真的是我见过的最睿智的女人。我对她有崇拜，也有感激。"

莎士比亚忠告人们说："不要因为你的敌人而燃起一把怒火，结果会烧伤了你自己。"这是在告诫我们，做人要容纳，待人要宽恕。如果当初没有包容自己的爱人，也许早已将他推进别人的怀抱；那时的她依然深爱着自己的丈夫，将其推向别人这样违心的做法，岂不是让自己更加痛苦吗?还好，她是个睿智的女人。

宽恕他人，也就宽容了自己。一位智者曾经这样说过："你必须宽恕两次。一次是你必须原谅你自己，因为你不可能完美无缺；另外一次是你必须原谅你的敌人，因为你的愤怒之火只会让你变得更加愚蠢。"一个人的胸怀能容得下多少人，就能够赢得多少人。与他人相处，宽以待人就是指对他人的要求不过分、不强求，以宽为怀，能让人时且让人，能容人处且容人。

往往，生活中的很多矛盾大都是由一些鸡毛蒜皮的小事引起的。对于那些无关紧要的事情，其实我们完全没有必要斤斤计较。放松一些，一笑而过，反而会让人比较容易接受。否则，不但不能让他人理解我们心中的烦闷，只能让人感到我们的涵养和素质的低下。甚至，缺乏宽容的火爆还会引发一些不必要的悲剧。

宽以待人，正是以广阔的胸怀、包容的气度去创造一种和谐的人际关系。大度豁达地待人，使自身的人品得到尊敬和倾慕，使我们的人格魅力得到不断地提升。如一束仁爱的光芒，对他人释怀，也给自己带来了无上的福分。它就像一个指南针，在繁芜的迷雾中给人们指明了方向，使人际之路、生活之道不再复杂。

敞开心扉，学会为别人着想

人与人之间在交往的过程中，就会出现纠纷、摩擦。对于彼此之间出现的纠纷，不妨多一点谦让，多一点理解，化干戈为玉帛，才能让自己少一分烦恼，多一分平静。

清朝时，在安徽桐城有个一个著名的家族，父子两代为相，权势显赫，这就是张家张英、张廷玉父子。

清康熙年间，张英在朝廷当文华殿大学士、礼部尚书。老家桐城的老宅与吴家为邻，两家府邸之间有个空地，供双方来往交通使用。后来邻居吴家建房，要占用这个通道，张家不同意，双方将官司打倒县衙门。县官考虑纠纷双方都是官位显赫、名门望族，不敢轻易了断。

在这期间，张家人写了一封信，给在北京当大官的张英，要求张英出面，干涉此事。张英收到信件后，认为应该谦让邻里，给家里回信中写了四句话：千里修书只为墙，让他三尺又何妨？万里长城今犹在，不见当年秦始皇。

家人阅罢，明白其中意思，主动让出三尺空地。吴家见状，深受感动，也主动让出三尺房基地，这样就形成了一个6尺的巷子。两家礼让之举和张家不仗势压人的做法传为美谈。

这个故事告诫人们，忍让是一种处世的智慧，也是一种极高的修养，一方面它可以使人获得心灵上的平静与道义上的支持；另一方面还能让人与人和睦相处，实现共赢。

“忍让”中的“让”不是一种无能的表现，更不是低人一等的表现，而是一种大度的风格、一种高尚的情操，它是处理人际摩擦、矛盾的黏合剂，也是使心灵获得快乐的重要秘诀。

在日常生活中，有的人在与朋友的相处过程中，常因为不懂得忍让而与对方发生矛盾或冲突，有的甚至还大打出手，结下“世仇”，不仅损害了自己的形象，还给自己的工作、生活和事业带来一定的负面影响，让自己陷入无尽的痛苦和烦恼中。

肖林是广州一家贸易公司的业务经理，有一次他代表公司去一家公司进行商业谈判，没想到双方因为商品价格问题发生了很大的矛盾。

肖林当时十分生气，明明自己报的是市场价，而对方却认为肖林做人不地道，肖林也回了句：“做人地不地道不是由你说了算的！”这时，对方代表突然站起来，直奔肖林面前，然后挥舞着愤怒的拳头，对他大发雷霆道：“肖林，我们以前合作过多少次了，真看不出来你是一个无利不图的奸商！我有绝对的理由说你做人不地道！”肖林当时也怒火中烧，便顾不得许多，与对方恣意地谩骂了起来，双方还差一点动起手来。

最终，谈判没有往下进行，双方就不欢而散。肖林当月因为没有完成领导的销售任务而被扣了奖金。后来，那个客户又打电话给肖林的领导，说肖林当众骂人之类的话，两个月后，肖林因为失去了一位大客户，给公司告成了一定的损失，就被降了职，心中极度地痛苦。

由此可见，不懂得忍让的人，不仅会让自己遭受一定的损失，而且还会将自己的精神陷入更大的痛苦之中。所以，面对生活中的各种摩擦与矛盾，最好不要感情用事，不能因争一时之高低而丧失理智，最好能尽快地冷静下来，放下过多的计较，后退一步，才能最终圆满地达到自己的目标。

心平气和地忍一时才能迎来风平浪静，潇洒大度地退一步才能欣赏海阔天空。人与人之间只有相互谦让，才能其乐融融；只有多一些宽容与理解，才能和睦相处，才能多一些快乐，少一些烦恼。

为此，在与人相处中，我们如果能够放下计较、敞开心胸，那么，我们的生活便会增添许多幸福和快乐，烦恼和痛苦也就不存在了。

吃亏，并不是什么坏事儿

生活中没有绝对的公平，有时吃点儿亏是很正常的事情，也许，在我们的人生道路上正是因为吃过一些亏，才让我们以后的道路更加平坦。

东汉时期，有一个名叫甄宇的在朝官吏，时任当时的太学博士。为人极为忠厚，遇事也很懂得谦让，为此，他每天都乐呵呵的，官吏都愿意与其接近。

有一次，皇上将一群外番进贡的活羊赐给了在朝的官吏，要他们每人分一只领回家。

在分配活羊时，负责分配的官吏则犯了愁：这群羊大小不等，肥瘦又不均，如何分才让让群臣们没有异议呢？

皇上让大臣们献计献策，这些羊到底如何分才算合理。

有的大臣说："可以将羊全部都杀掉，然后肥瘦搭配，人均一份。"也有人说："干脆大家抓阄，抓到哪只是哪只，全凭个人运气。"

就在大家正在七嘴八舌地争论不休之时，甄宇站了出来，说："分只羊不是极简单的事情吗？依我看，大家随便牵一只不就可以了吗？"说着，自己便从中牵走了最瘦小的一只。

看到甄宇这样做，其他人也不好意思专牵最肥壮的，于是，大家都挑最小的羊开始牵。很快，羊被分完了，大家都没有任何怨言。

皇上看到了甄宇如此大度，就当即赐予他"瘦羊博士"的美誉。不久后，在群臣的共同推举下，甄宇又做了太学博士院的最高官员。

从表面上看，甄宇牵走了只瘦小的羊是吃了亏，但是，他却得到了皇上的器重与群臣的拥戴，实则是占到了大便宜。正所谓“吃亏是福”，一些聪明的人遇到事情是不会去斤斤计较的，而是能够成功地运用吃亏的智慧得到更多的“福分”。

在生活中，有3种人是不肯吃亏的：一种是肚量小的人，吃了亏就想不开，茶饭不思，好像被剜了肉一样，最终伤了身体，吃了大亏；第二种是火气太大，吃了亏后随即就开始双脚跳，轻则破口大骂，重则大打出手，将事情弄得不可收拾，吃大亏；还有一种是心眼小的人，吃了亏就要睚眦必报，常常让与其共事的人怨声载道，失去人气，让自己因小失大。以上这3种人因为过分计较得失，最终都是要吃大亏的。所以，如果你是以上3种人中的一种，最好要及时改正自己，在生活中对于该放下的就放下，切莫因精于算计而让自己遭受大损失。

郑板桥曾说过：“吃亏是福。”这决不是阿Q式的精神自慰，而是一生阅历的高度概括和总结。在日常生活中，人与人之间的交往难免有利益冲突，面对自己的利益和别人的利益有所冲突的时候，我们就要做好取舍，其实我们宁愿自己吃一点亏，放弃一些，这样往往会大事化小，小事化了，给事情一个最完美的结局。

我们不得不承认，随着社会的发展，人们越来越重视功利，但倘若我们每个人都只是重视自己的利益而不肯为别人做一些放弃，这样最终会无路可走。

阿美是个刚毕业的大学生，初入社会就去了一家合资公司的外贸部工作，不幸的是她碰上一个只懂拍马屁而其他什么都不懂的主管。

主管每天下班后没有什么事儿，就主动向他的上司提出自己要加班，以显示自己是多么的敬业，结果白天整理好的文件反而弄得一团糟，出了错误后，他又将责任全部推给阿美。阿美是个文静的女孩子，从来都不会去争辩，她忍气吞声地等着上司发现事情的真相，结果等了很长时间，还是没有等到一句公道话。

一气之下，阿美就去了另一家外资公司。在那里，她工作得非常出色，博得了许多同事的赞许，但即使她做得再好，也没法使苛刻、暴躁的经理满意。她感到非常的失望，又萌动了跳槽的念头，于是她向总裁递交了辞呈。总裁没有过多地挽留阿美，只是告诉她自己处世多年得出的一条经验：如果你讨厌一个人，那么你就要试着去爱他。总裁说，他曾经就在一个非常苛刻的上司身上找出了优点，就是这个优点让他坚持了下去，很出色地完成了每一个工作任务，结果他的上司也逐渐喜欢上他了。

阿美虽然还是讨厌她的经理，但已悄悄地收回了辞呈。她说："我现在想开了，作为一个成熟的人应该放开心胸去包容一切、爱一切。吃点小亏又算得了什么呢？换一种思维看人生，你会发现，乐趣比烦恼多得多。"

其实，任何一个成功的人，在他的人生道路上，都是在不断吃亏中逐渐成长起来的，并在每一次吃亏中汲取经验和教训，使自己的阅历更加丰富，从而使自己变成一个成熟睿智的人。

在我们很小的时候，大人们曾告诉我们要懂得计较得失，不能吃亏，吃了亏就会被形容为"傻"、"笨"。其实则不然，吃亏并非是一种软弱的表现，而是一种包容的气度、一种福气、一种以退为进的处世方略。所以，当我们吃了亏，一定不要再期待得到回馈，拥有这种心态，就能够永久地保持快乐的心态。

世界其实就在你心中

也许，你的肚量大不了可以撑下船的地步，但是你可以试着深深地吸一口气，将眼光放得远一点，也许你就能够看到不同的景象。

苏东坡有位好朋友佛印，两人经常在西湖一起参禅悟道。佛印是位老实厚道的人，苏东坡古灵精怪，经常占他的便宜。

有一次，苏东坡问佛印："佛印，你看我像什么呢？"佛印老实地说："我看你像一尊佛。"苏东坡说："你知道我看你像什么吗？你往那儿一坐，就像一堆牛粪！"说完他就开始哈哈大笑起来，而佛印只是闭着眼睛，并没有搭理他。

晚上回到家中，苏东坡就很得意地把这件事告诉了自己的妹妹。妹妹听完后，就冷笑着说："哥哥，就你这样的悟性还配去参禅？参禅讲的是见心见性，心中有，眼中才有。佛印说你像尊佛，说明他心中真有尊佛，正因为如此，他才对你的无理不争不怒。你看他像堆牛粪，你自己想想你心中有什么吧？"苏东坡听罢妹妹之言，惭愧得无语。

我们所看到的外在世界，都是内心的一种折射，你所看见的，必定也是你心中所有的，拥有怎样的心灵，所表现出来的状态也就会是什么样子。所以，在生活中，当我们无力去反驳别人对我们的指责的时候，当我们面对上司的无理要求而反抗无效的时候，当遇到形形色色的不公的待遇无能为力的时候，还是把眼光放远一点吧。没必要让这些厌恶的情绪持续地影响我们的心境，并适时地告诉自己："他们计较是因为他们心中只能装得下眼前这些厌恶，而我们的内心应该装得下过去、现在和未来。所以，我没有必要与他们一般见识。"

其实，人与人之间原本没多大区别，只是因为各自心中的世界不同而造成截然不同的人生结局罢了。

有时候，我们也会抱怨世界不够大，施展个人才华的舞台也不够大。其实，世界与舞台的大小都源自我们的内心。有一句话说得好："心有多大，舞台就有多大。"要成就梦想，只有扩大自己的心灵空间，做到心胸宽广、眼界高远，才能得到最大的成功。

著名音乐家谭盾初到美国时，是靠街头卖艺生存下去的。当时与谭盾在一起卖艺的还有一个黑人琴手，当时他们配合得相当好。后来，谭盾因为不甘心，就努力地想改变自己的生活，他边卖艺边进修，后来经过努力终于考上了理想中的大学。10年以后，谭盾已经是国际上知名的音乐家了。

有一次，他发现当初与自己一起卖艺的那位黑人琴手还在街头拉琴，就走过去主动问候。那位黑人琴手一看到他，开口便问道："嘿！伙计，你现在在哪个地区拉琴呢？"

很显然，由于内心的想法不同、眼界不同，他们已不再是同一个世界中的人了！

所以说，什么样的心态就能产生什么样的结果，心有多宽敞，你周围的世界就会有多大。

人们常用“世界有多大，心就有多大”来夸耀那些有远大志向的人，但是如果我们能将这句话颠倒一下，改为“心有多大，世界才有多大”，你也能从中发现人生的另一种禅理。

认识到这些，我们再回首一下自己走过的路，就会发现，当初让我们都觉得天都要塌的许多困难，在现在看来只不过是一些鸡毛蒜皮的小事而已；当初那些让人感到快要窒息的斥责，现在看来也显得极为可笑了；过去那些令自己万分痛苦的事情，现在也只是供自己茶余饭后闲聊的一个话题罢了……一切的一切不都过去了吗？再痛苦、再不幸也只是生命的一个插曲而已，只要把心灵放大一些，不将那些不快留在我们的眼前与心中，一切都会成为永远的过去。

在工作、生活中，总会有一些繁杂的、突如其来的事情来不断地扰乱我们的内心，我们在忍受的同时亦在接受着内心的考验：考验我们的心有多么坚韧，胸怀有多么宽广。所以，不要太去计较眼前的一些痛苦和烦恼，那只会缩小我们的内心，心小了，如何能装得下未来的大千世界呢？

大度，是一种君子风范

大度是一种睿智的人生态度，它教会人们学会隐忍、学会堂堂做人，坦坦荡荡做事。只有大度的人才不会在意一城一池的得失，才能赢得人心。

有一位中国妇人远离家乡来到美国，她在美国开了小店卖蔬菜。由于她的菜十分新鲜且价钱又公道，所以她的生意特别好。这就让其他摊位的小贩十分不满，大家经常在扫地的时候有意无意地都把垃圾扫到她的店门口。但是这个中国妇人十分大度，她并没有计较，反而每次都把垃圾扫到角落堆起来，然后把店门口清扫得干干净净。

她的旁边有一个卖菜的墨西哥妇人观察了她很多天，最后她终于忍不住了，便问她："大家都把垃圾扫到你的门口，你为什么不生气呢？"中国妇人笑着说："在我们国家，过年的时候大家都会把垃圾往家里面扫。因为垃圾就代表财富，垃圾越多就代表你来年会赚很多的钱。现在每天都有人把垃圾送到我这里来，我感激还来不及呢！这就代表我的财运会一直很好。我怎么舍得拒绝呢？"

墨西哥妇人听了之后就把这些话传到各个小贩的耳朵里，从此以后，再也没有垃圾出现在中国妇人的门口了。

中国妇人将诅咒化为祝福的智慧令人惊叹，但是更重要的是她的大度和与人为善。她宽恕了别人，同时也为自己创造了一个和善的环境，和气生财就是这个道理，所以她的生意才会越做越好。倘若她采取消极的方式去对待，试想一个外乡人又怎么能斗得过这些本地人呢？针锋相对的后果只能让事情变得更加糟糕。所以说，大度为人，少一些计较，会让事情变得好起来，也会让人与人之间的关系更为融洽。

有的人在你辛勤播种的时候袖手旁观，但是在你收获的时候却毫无愧色地来分享你的果实，遇到这种人，就要学会大度，你作出一点牺牲，但是却成全了别人的欲望，总比到最后两者相争要好得多。心胸狭窄的人总是抱怨不休，纵使他有天大的本事也难以有所建树。做个大度的人，你就会发现天地如此广阔。不要在彼此摩擦中浪费时间和生命，天地很大，比天大的是人的心胸。每个人都大度一些，生活就会变得和谐而美好。

丽莎好不容易才找到一份在高级珠宝店当售货员的工作，她十分珍惜这份工作，干起来也很认真。在圣诞节的前一天，有一位30多岁的顾客进了店里。他穿着非常干净，看上去十分有修养。但是从他的面容上却让人感觉他是个遭受了失业打击的人。这时，店里的职员都出去了，只剩下丽莎一个人。

丽莎热情地向他打招呼："您好，先生，您想要些什么？"这个男子不自然地笑了一下，他不好意思地说："小姐，我随便看看。"然后他的目光从丽莎的脸上慌忙躲闪开，就在店里转着看。

这时，电话铃响了，丽莎就去接电话。一不小心，她将摆在柜台上的盘子打翻了。盘子里有6只精美昂贵的金耳环。丽莎慌忙去捡，可是她只捡到了5只，她反反复复地找，怎么也找不到第6只。当她抬起头的时候刚好看到男子向门外走去，她一下子反应过来那第6只耳环在哪里。

就在男子将要走到门口的时候，丽莎轻声地叫道："先生，请等一下。"

男子转过身来，两个人相互对视着，丽莎的心跳得十分厉害，她不知道该怎么办，万一她要是喊叫的话，这个男子对她动粗该怎么办？他会不会伤害她？

"什么事？"男子开口问她。

丽莎控制住自己的情绪，终于鼓起勇气对他说："先生，今天是我第一天上班，您知道，我找这份工作有多么不容易，您能不能……"

男子的目光极不自然，他看了丽莎很长的时间。丽莎的表情非常诚恳，过了很久，男子的脸上浮现了一丝微笑，丽莎也舒了一口气，对着他也微笑起来。两人这时就像两个朋友一样。男子对她说："是的，工作不好找。但是我能肯定，你一定会在这里继续干下去，并且还会做得很出色。"

停了一下，男子又说："我可以为你祝福吗？"他把手伸向她，他们相互紧紧握完手，然后男子轻松地走出了商店。

丽莎看着他走出店门之后，转身走向柜台，把手中的第6只耳环放回原处。她真庆幸一切都过去了，她在心里为那个男子祝福。

理解和大度能打动人心，聪明善良的丽莎找到了解决问题最好的方式，就是大度和善良。她设身处地地为男子着想，化解了尴尬，让男子从容地将耳环放回原处，达到了完美的效果。我们可以想象：两人若是发生冲突，将会出现怎样的后果？所以，大度为人，别人就会靠近你，彼此可以进行心灵上的交流，一切都会变得和睦起来。

与人交往很难做到完美，人与人之间的关系总是很难把握的，总是有不尽如意的时候。这个时候我们就要学会大度、学会大气、学会宽容、学会豁达。要大度，首先要学会为人着想，学会从对方的立场上来看问题，这样自己的观点也会更加客观，态度也会更加冷静。如果每个人都能够以大度的心态去对待别人，那么生活就会就得极为美妙与融洽。大度为人是一种较高的素质，也是一种情操。大度并不意味着怯懦和胆怯，而是一种开怀处世的心态。大度的人是健康乐观的人，这种人会用一颗博大的心胸原谅身边人的一些小的过失，从而使自己获得心灵上的解脱

大度是一种风度。大度的人愿意听取别人的观点，愿意采纳正确的意见，能够谦卑地与人交往。但是大度的境界需要用德行去修养，用智慧去创造，大度的人往往拥有美好的心境，拥有君子般的风度，能够更为融洽地与人交往。

不必凡事都要争个明白

世间的许多问题本身都是没有明确的答案的，所以，凡事没必要都非要去争个明白。否则，只会让自己的内心受累，甚至会为此付出巨大的代价。

在意大利卡塔尼山的叙拉古郊外有一块墓碑，墓碑上刻着这样一个故事：

一个名叫托比的人从雅典去叙拉古游学，经过卡塔尼山时，发现了一只老虎。进城后，他对城里的人说："卡塔尼山上有一只老虎。"但是，却没有人相信他，因为从来没有一个人在卡塔尼山上见过老虎。而托比则坚持说自己确实见到了老虎，并且是一只非常雄壮的虎。可是无论他怎么说，就是没人相信他。最后，托比只好说，那我带你们去看，如果见到了真正的虎，你们就会相信的。托比当时为了证实自己，就带着城里的几个人上了山。

但是，托比带着几个人把整个山都转遍了，却连老虎的毛都没有发现。托比的内心异常焦虑，他非要让大家相信这件事。但是又因为找不到老虎，所以，他到城里后逢人就说自己没有撒谎，说他确实在山上见到了老虎。城里的人不仅不相信他，而且还说他是个疯子。托比内心还是异常地难受，为了证实自己确实看到了老虎，就亲自去买了一支猎枪亲自来到卡塔尼山。他非要找到那只老虎，还要把老虎打死，让全城的人都来看一下，证明他自己没有说谎。

3 天后，人们在山中发现了一堆破碎的衣服。原来托比在山上寻虎的过程中，不小心被一只大熊给吃掉了。

托比只是为了向众人证实一个小小的事实，结果却将自己的性命丢掉了，是得不偿失的。假若他能够及时放弃，敞开心胸，可能就不会上演这幕悲剧了。

人生本来就是真真假假、是是非非的，很多事情本身就是说不清道不明的。如果你非要去与别人争出个对错来，恐怕最终吃亏的必定是你自己。在处理人际关系的过程中，也是如此。

平时我们在与周围的人或朋友相处的过程中，总会遇到双方意见不统一的情况。这时候，我们很容易就会因为坚持自己的观点而与对方发生争论。毫无疑问，争论对于认清事物的真相是至关重要的，但是凡事必要争个明白的做法是不可取的。可以试想一下：当你被别人误解，如果你急于去证明自己而反复向对方做出解释，或很有可能会被别人认为是恼羞成怒，结果有可能是越描越黑，不仅没有解决问题，还浪费了时间、精力，同时还影响了你与对方的和谐的人际关系，无疑是得不偿失的。对于此，最好的解决方法就是，将心胸放宽一些，难得糊涂一回。尤其是对于一些根本无伤大雅的小问题，我们更没有必要非得去与别人较劲，否则就算你能赢得口头上的胜利，却给自己徒增了几分烦恼和忧虑。

肖强是个大才子，不仅能诗善文，而且还善于辩论。拥有如此好的口才，肖强的周围应该有很多朋友才是，但事实却并非如此，主要是因为他是一个爱较真的人。

有一次，肖强与几位朋友一同去参加一位朋友的婚礼，本来是很喜庆的场合，肖强却因为司仪的一句话把场面搞得很尴尬。

席间司仪说："在座的朋友都知道，新郎、新娘是名副其实的'青梅竹马'，在这里我给大家解释一下这个成语的来历：相传宋代的时候有个著名的女词人李清照，她与她的丈夫赵明诚自小相爱……"司仪的解释显然是错误的，但是在场的人出于礼貌，谁也没去说破。但是肖强却忍不住大声在台下说道："你说错了，这个成语是李白写的……"顿时，那个司仪脸上红一阵白一阵，但是对方又是个嘴硬的人，接着说："这位先生，您说是李白写的，有什么证据吗？"

肖强得意地说："当然有了，这个成语出自李白的《长干行》……"这样一来，让那个司仪面子尽失，场面顿时也冷清了许多。这时候新郎很不高兴地将他叫到一边说："人家是来帮忙的，你跟人家较什么劲呀！这是结婚啊！又不是学术辩论会。平时大家都不愿意与你交往，就是这个原因……"

毫无疑问，拥有渊博的知识、出众的口才能够为我们的工作、生活提供有力的保障，但是如果总像肖强那样，经常因为一些无关紧要的事情与别人较真，那么这点优点就只会成为你人生羁绊。所以，遇到此类情况，我们最好糊涂一下，一笑了之。同时，也要以一种包容的心态去面对身边的人与事，放下过多的计较，就会得到快乐和开心。